城市交通与城市停车的理论与实践研究

刘　阳　邵乾虔 ◎ 著

吉林出版集团股份有限公司

图书在版编目（CIP）数据

城市交通与城市停车的理论与实践研究 / 刘阳，邵
乾虔著 . — 长春：吉林出版集团股份有限公司，2021.9
ISBN 978-7-5731-0450-2

Ⅰ．①城… Ⅱ．①刘… ②邵… Ⅲ．①城市—停车场
—规划—研究 Ⅳ．① TU248.3

中国版本图书馆 CIP 数据核字（2021）第 192277 号

城市交通与城市停车的理论与实践研究

著　　者	刘　阳　邵乾虔
责任编辑	郭亚维
封面设计	林　吉
开　　本	787mm×1092mm　　1/16
字　　数	210 千
印　　张	9.5
版　　次	2021 年 11 月第 1 版
印　　次	2021 年 11 月第 1 次印刷
出版发行	吉林出版集团股份有限公司
电　　话	总编办：010-63109269
	发行部：010-63109269
印　　刷	北京宝莲鸿图科技有限公司

ISBN 978-7-5731-0450-2　　　　　　　　定价：86.00 元

前　言

随着城市的发展，城市规模逐渐扩大，汽车拥有量也随之增加，很多城市都面临着严重的交通问题，交通堵塞现象日趋严重，使城市运行效率大为降低。而"停车难"则是困扰其中的主要难题，谁都知道，汽车多了，交通就会拥堵，汽车虽是交通工具，但停的时间远比在路上行驶的时间多，也就是说汽车绝大部分时间是停在停车场。随着汽车拥有量的增加，停车难的问题越来越突出，因停车引发的矛盾时有发生，交通堵塞和停车难这两个相互关联的现象，现已成为大城市中公认的社会问题。

停车费率的制定应从调控城市道路停车总量的角度出发，而不是仅考虑物价水平。建立有利于路外停车场的停车费率，运用经济手段引导车辆进入路外停车场。停车收费标准应当多元化，价格应该市场化，可采取阶梯式收费标准来调控停车需求，即非中心区收费标准低一些，城市中心区收费标准高一些，按不同功能、位置等定价。对于次要道路的路边停车资源应加强规划和管理，不能一概而论，除了按路段收费，还要进行车流量和人流量的计算，如对于那些停车时间较短的汽车，采取免费的方法，以鼓励人们节约停车时间，尽可能地解决"有车有位"的问题。

大力推广占地小、土地利用率高的机械式立体停车技术，同时房管部门应给予配建的机械式立体停车库办理产权或使用权证明，以解除开发商和购买者的后顾之忧，促进配建停车场的建设。还可以将地上停车和地下停车相结合，推广立体型停车场，以降低车库的建设成本和维护成本。大力鼓励公共停车场的建设。对于单位、个人投资建设的公共停车场，不论其规模大小，政府部门要尽量从政策、资金上给予支持。

"两线合一"即城市开发边界与生态红线的合一，其不是单纯的城市与生态空间的分界线，而是实现从增量规划到减量规划、从"多规分离"到"多规合一"的空间控制的控制线，是体现边界控制与城乡形态反映的引导线，是规划从图纸走向实施的大背景下，实现规划和管理合一的政策线，其划定过程对于积极应对城市生态环境保护与城市发展之间凸显的矛盾、加强对城乡建设的管控约束和生态安全格局的保护以及控制自然本底与城市规模的无节制扩张三方面有重要意义。城市开发边界与生态红线划定的实质是实现空间管控，尤其是对用地规模的控制，其划定要与空间布局规划、城镇化目标、集体建设用地使用和生态空间格局进行衔接。

解决交通堵塞和停车难的问题，不仅仅是交通管理部门和驾车者的事，而是需要全社会的共同努力。应充分调动社会各方面的力量，采取有效措施，从政府制定相应政策法规到规划、实施、管理的各个环节，从硬环境建设到软环境营造，执法者和普通公民都应积极参与其中，只有全体公民在遵守交通法规方面的观念和意识提高了，改善城市交通和停车难问题才能得到有效落实和解决。

作　者

2021 年 3 月

目 录

第一章　城市交通的理论研究

第一节　城市交通拥堵的危害

城市交通是影响和带动整个城市功能布局发展、改善人们居住生活与出行条件的一个重要因素，随着城市化进程的不断加快和交通机动化进程的迅速发展，城市道路交通拥堵已经成为制约现代城市发展的一个世界性难题。

交通拥堵带来的经济损失、效率降低、环境污染和能源、土地的大量消耗和交通安全威胁等危害，严重制约社会经济发展。其危害还影响人们的身心健康，甚至是生命安全。

一、对汽车的危害

大中型城市的上班族们，每天的常态是"舟车劳顿"，甚至是"长途跋涉"，饱受折磨。其实受折磨的不只是驾驶人，对于所驾驶的车辆来说也是不能承受之痛。

（一）增加燃油消耗

当发动机的转速很低时，进气涡流变弱，使燃油雾化不良，造成燃料燃烧不完全。另外，当发动机的转速很低时，气门漏气和活塞环的漏气量增加。再加上气缸内燃烧气体与气缸壁的接触时间增长，使散热损失增大，因而造成发动机的耗油量提升。

对于汽油发动机，由于怠速时的进气气流比较弱，化油器较难吹散油雾，因而要求比较浓的混合气，也会使耗油量增加。

（二）增加机件磨损

拥堵的路况使车辆处于走走停停的状态，发动机内空气流通不畅加上不能高速运转，使得燃油得不到充分燃烧，而未充分燃烧的燃油在高温和氧的作用下容易形成胶质，黏附在零件表面而形成油泥，这会导致发动机工作不良，出现启动困难、怠速不稳、加速不良等异常现象，同时润滑油本身也不能充分流动充分润滑，加速了各部件之间的磨损。

另外，当冷却液温度下降到 60℃以下时，气缸内的燃烧生成物可能与水分发生化学反应，生成酸类，致使气缸的腐蚀程度增加。

（三）加重积碳

在拥堵的城市道路上，车辆长期低速行驶、堵车都会产生积碳。原因是发动机转速低时空气进气量小，流速低就会在节气门、怠速马达等处产生积碳。

（四）增加气缸敲击

发动机怠速运转时，由于气缸内的温度和压力都比较低，使燃料着火的准备时间延长，加上此时气缸的密封性下降，因而容易产生敲缸声，缩短发动机的使用寿命。

（五）增加污物排放

在怠速运转状况下，由于气缸内不完全燃烧，在废气中存在大量的碳氢化合物、一氧化碳和氮氧化物等有害有毒成分。这些有害有毒成分进入大气中，污染了生态环境。如果驾驶人长期吸入这些废气，对身体健康非常不利。

（六）增加变速箱伤害

堵车时汽车的车速不断变化，变速箱频繁换挡，磨损程度自然更高。AT变速箱的液力变矩器长时间工作会导致油温过高损伤变速箱，双离合变速箱堵车的时候离合器一直处于半离合状态，时间一长就会过热自动保护，严重的甚至会产生动力输出中断。

（七）增加冻阻危害

在高寒地区的冬季，如果发动机长时间怠速运转，容易引起散热器或者下水管冻结，阻碍冷却液进入散热器，甚至引起反常的"开锅"现象。

（八）对驾驶人的危害

当堵车成为一种常态，它已经深刻地影响到了人们的日常生活。虽然堵车已不再是什么稀奇事，但堵车所带来的消极影响无时无刻不在困扰着大家。尤其是一大早就看着这样一种拥堵的景象，上班路也就成了很多车主每天必经的心理煎熬之路。

有研究表明，上班路程遥远、道路拥堵、公共交通工具拥挤以及等候时间不可预测等，都会让人心情变差，甚至影响健康，破坏家庭和谐。堵车时，从忍无可忍的群体看，乘车族居多，且程度比开车族严重得多。其中，女性所能容忍的上班出行时间为35.97分钟，男性则为31.63分钟。

堵车会增加被堵车人的消极情绪，如果急于出去办事，往往会把堵车归因于不走运，总觉得别人故意找碴儿。无论是司机还是乘客，都易产生焦虑、沮丧、愤怒等情绪，甚至出现所谓的"路怒症"，一碰上堵车，就乱按喇叭；遇到胡乱超车，便忍不住就想说脏话等。

当堵车成为不可改变的事实，我们能做的是如何缓解堵车带来的压力。主要有以下几种类型：

争分夺秒型：化妆、吃早饭等；

游戏型：打游戏，刷微博、微信等；

学习型：看小说、背单词等。

但是，这些真的是好办法吗？一位喜欢在堵车时刷微博的车主说，他经常刷着刷着就忘了关注交通情况，一直等到后面喇叭响起，才惊觉前一辆车已经开出好远了，如果此时正关注的一条微博还没看完，很可能车子启动后，眼睛还会不由自主地去瞄上一眼，他自己也认为是"极其危险的行为"。

专业人士解释，这些行为表面上看将人从堵车的烦恼中暂时解脱了出来，实际上却造成了更大的安全隐患，并不值得提倡。况且，任何方法如果试图让一个人堵车时变得高兴起来，那多半是无稽之谈。

缓解堵车情绪的最好办法是接受当下，控制情绪。或者在堵车时听听音乐、做做深呼吸来放松心情，也是可行的。

二、对经济的影响

拥堵是大家对城市交通最直接的感受之一。拥堵不仅让人心烦意乱，而且还严重降低了城市的运转效率，造成隐形的经济损失。CBNData（第一财经商业数据中心）《2016智能出行大数据报告》显示，根据高峰期拥堵延时指数，西安成为2016年堵城冠军，2015年的拥堵冠军重庆2016年位列第2位。北京位列堵城第4名，也是因拥堵造成损失最高的城市，北京人每年损失8717元。在全国最堵的西安，人均拥堵成本为6960元。

交通拥堵给社会整体经济造成了巨额的损失。根据北大国家发展研究院2014年的研究结果，北京因交通拥堵每年约造成700亿元的损失。其中超过80%为拥堵时间损失。

首先，市民的日常工作效率明显下降。拥堵浪费了大量的有效工作和休息时间，所造成的紧张抑郁情绪也让市民的工作效率大打折扣。以北京为例，在平均每年每人拥堵耗时100小时的情况下，每年所造成的时间价值损失高达282亿元。在政府投入方面，政府不得不为了缓解拥堵，追加在道路养护和修建方面的投入，拓宽原有道路，新建微循环道路和停车设施等。交通拥堵造成的大气污染问题也需要政府投入巨资治理，并进一步为大气污染所导致的病患增加支付更多的医保费用，并追加医院等医疗设施的投入。根据中国交通部发布的数据，交通拥堵带来的直接经济损失相当于每年GDP的5%～8%，高达2500亿元。

三、对环境的影响

在各地环保局发布的《大气污染来源解析》中，机动车均是大气污染的主要来源，在北京、杭州、广州和深圳更是首要的大气污染源，分别占到了31.9%、21.9%、21.7%和41%。现状和相关预测都表明，其他污染源，如电力工业企业、锅炉等都在关停或缩减，但是汽车保有量未来高速增长的态势不会改变，只会让其危害越发严重。据环保部研究，交通拥堵状况下，车辆的污染物排放更是正常行驶状况下的5～10倍。

由于拥堵，我国每日多排放了二氧化碳1.67万吨，氮氧化物、颗粒物和二氧化硫9.5吨，数据触目惊心。汽车频繁启动、刹车和低速行车使尾气中氮氧化物、一氧化碳、碳氢化合物等污染物比正常行驶时多得多，大量拥堵的汽车废气集中排放，在距地面约 1.5 米处形成一个污染层，正在人的呼吸带附近，危害人体健康。

大气污染对公众的生理和心理健康都造成了巨大的危害。在生理健康方面，根据相关研究，雾霾与肺癌发病率密切关联，PM2.5 浓度每增加 10 微克／立方米，肺癌风险性会相应增加 25%～30%；在心理健康方面，长时间雾霾缭绕，缺乏阳光照射，会导致人体甲状腺素、肾上腺素浓度降低，更易产生悲观情绪。

四、汽车制造过程中的污染

汽车的塑料铸件中使用氟利昂作为发泡脱沫剂，氟利昂对臭氧层有破坏作用。另外，铅基涂料会造成铅污染；油漆溶剂的散逸也会造成污染等。

（一）汽车噪声污染

据统计，城市噪声中交通运输噪声占 75%，而汽车在交通噪声中占了 85%。据调查，全国 80% 以上城市交通干道两侧的噪声超过 72 分贝；上海西藏路中百一店附近的噪声达 91.2 分贝，有人认为是世界上最喧闹的街道。

（二）汽车尾气污染空气

2015 年全国环境监测现场会暨廉政工作会议上，环保部副部长介绍，我国已经完成了对北京、天津和石家庄等 9 个大气污染防治重点城市的污染源解析工作，研究结果表明，机动车、工业生产、燃煤和扬尘等是当前我国大部分城市环境空气中颗粒物的主要污染来源，占 85%～90%。其中北京、杭州、广州和深圳的首要污染来源是机动车，各地将根据污染源解析成果有针对性地调整大气污染防治措施。

北京市环保局公布北京大气污染源解析结果时，机动车尾气污染就已经引起了关注，并且是本地污染源中占比最大的一部分。数据显示，北京本地产生的 PM2.5 的主要污染来源包括机动车、燃煤、工业生产和扬尘等，尤其是机动车，占到本地污染排放的 31.1%。机动车既可以直接将 PM2.5 排放到空气中，也可以通过排放气态污染物促使大气氧化性增强，同时在行驶的过程中还会充当扬尘的"搅拌器"，进一步加剧空气污染。

（三）公路、停车场的影响

公路建设使沿线的植被破坏、水土流失、占用农田等。露天停车场除了占地外，还会改变城市的气流方向和速率，加剧城市的热岛效应。

（四）汽车报废对环境的影响

在车辆拆卸、处理过程中会产生大量固体废弃物、废水、废油等。一方面占用大量土地，另一方面，废机油会随雨水漫流，污染周边环境。

第二节　城市交通客流组织

本节简单介绍了城市交通信息化，从城市交通信息化框架、信息化建设框架、道路交通数据采集技术、保障体系建设等方面分析了其发展现状，剖析了其中面临的协调性不足、功能不完善、基础设施建设落后、保障措施不到位等问题，并对城市交通信息化的顶层设计与发展趋势进行了探讨。

自现代城市形成以来，城市交通就逐渐成为广受关注的内容，甚至在一定程度上表现了城市发展情况。近年来经济的快速发展推动着城市的飞速发展，相应的城市交通也变得更为复杂，尤其是在城市道路网络更加复杂、车辆保有量不断增加的大背景下，这一现象变得更为明显，相应的交通问题也逐渐突出。因此，对信息化背景下的城市交通信息化发展进行研究十分有必要。

一、城市交通信息化发展概述

虽然不同城市因为自身规模、性质、结构、地理位置、政治经济地位等的差异，导致相应的城市交通特征有所不同，不过总体来看城市交通有着统一的特点，主要体现在城市交通重点为客运、上下班时间是交通高峰期、城市客运量大小和城市自身总体规划及布局息息相关等方面。而在城市发展不断提速的情况下，城市交通规模快速扩大，城市交通量激增，车辆种类复杂、混合交通严重，自行车等非机动车数量多，城市布局和交通不相适应，步行困难且事故多发，各种城市交通问题变得越发严重。尤其是城市交通拥堵问题更是极为严重，伴随着停车难问题、环境问题的爆发，给城市的高效运行和良好发展带来了不小的负面影响。

而随着信息化时代的到来，城市交通发展迎来了新的转机。在城市交通建设难以有效解决城市交通问题的情况下，应用先进的信息化技术和管理手段对城市交通管理加以优化，充分发挥道路网络潜在功能，能够有效提高城市交通运行效率，减少交通拥堵、停车困难等问题。尤其是云计算、大数据等技术的逐渐成熟并应用到城市交通管理之中，所能发挥的作用极为明显，能够逐渐形成信息化智能交通管理系统，实现科学、高效的一体化交通管理。

二、城市交通信息化发展现状以及面临的关键问题

（一）城市交通信息化发展现状

1.城市交通信息化框架

随着应用信息技术、通信技术、信息处理技术、感应技术、监控技术、云计算技术、

大数据技术等在城市交通管理中的逐渐全面、深度应用，城市交通信息化建设与发展已然步入正轨。运用信息技术对公路基础数据资源加以获取、分析、处理，同时构建城市交通信息数据库，连入地理信息系统，建立全面覆盖城市的电子地图，从而形成了可视化、现代化、科学化的城市交通信息化管理平台。在信息技术的支持下，不少城市已经初步构建起了交通信息化发展框架。该框架主要由信息采集层、信息处理层以及信息发布层三部分组成。

（1）信息采集层的主要作用是对城市交通基础信息加以采集和获取，并传输至信息处理层。该层进行信息采集的手段主要包括道路检测线圈、视频监控、电话、超声波检测、雷达检测以及红外检测等，多种手段的综合应用基本能够满足所有城市交通信息采集需求，并通过网络将大量信息传输至信息处理层的系统中枢，实现对城市交通信息的全面、实时掌握。

（2）信息处理层则主要是通过计算机对采集到的海量信息进行分析、处理与应用，让城市交通信息能够被有效应用于紧急指挥、决策支持、交通诱导、协助调度、行业管理及企业管理等方面，促进城市交通管理水平提升，最大限度地保障交通通畅，提高城市交通运行效率。

（3）信息发布层则是以交通信息发布计算机网络为核心，将其作为信息共享中心，向VMS、车载信息系统、广播、网络信息服务、移动通信终端、交通控制中心、行业及企业管理中心等实时发布对应权限的交通信息，从而支持城市交通管理在各方面的有效优化。而且在信息发布之后，会直接导致城市交通状况发生变化，即对信息采集产生反馈，形成动态模型。

2. 城市交通信息化建设内容

当前城市交通信息化建设的关键在于基础设施和应用系统的建设，其中基础设施广泛包含计算机传输网络、交通信息采集网络、服务信息发布网络、城市交通指挥中心、交通呼叫服务中心、GIS 支持平台与交通信息数据库平台等，这些均是实现城市交通信息化必不可少的基础设施。而应用系统则主要包含交通行政管理系统以及交通行业管理系统，二者广泛覆盖了城市交通信息化的方方面面，是实现信息化管理的核心所在，同时也是决定信息化管理水平高低的关键。

3. 道路交通数据采集技术

道路交通数据采集技术是信息采集的核心技术，同时也是支持城市交通信息化建设发展的基础和关键。就目前而言，该技术的应用主要体现在以下三方面：

（1）行人交通信息采集。对行人步行速度、人流密度等交通信息进行采集，能够实现行人交通特征的静态与动态监测和管理，从而掌握行人在城市交通中的整体特征，进而更好地支持和协调交通管理。在实际采集过程中，一般会采取人工检测、视频检测、激光检测等多种方式，在实践中检测难度较大。

（2）公交客流信息采集。对公交客流信息进行采集、处理、分析与总结，能够准确把握公交客流情况，从而为公交路线优化、公交调度安排提供重要依据。在实践中，通常是采取人工调查、公交 IC 卡记录、车内监控视频、自动乘客计数系统等方法进行综合化的数据采集。

（3）车辆交通信息采集。车辆交通信息较为复杂，其广泛覆盖交通流运行、车辆运行、设施运行以及交通事件等领域，信息采集难度较大，目前常用的是线圈检测、超声波检测、红外检测、视频检测、雷达检测等多种方式，同时要基于采集数据对车辆交通量、速度、排队长度、范围、车头时距等进行可靠分析，进而为城市交通管理提供重要参考。

4. 保障体系建设

目前针对城市交通信息化建设与发展的保障措施主要体现在以下几方面：

（1）落实领导结构建设。尤其要做好责任分工，贯穿全过程制定相应的管理机制，构建一体化管理体系。

（2）规范并完善制度体系。在信息化背景下，城市交通管理将进入全新阶段，这意味着管理制度也需要进行适当创新与完善，形成更加符合全新需求的健全管理体系。

（3）优化资金投入与管理。除了要加大政府资金投入外，还需要进一步突出市场化资金补充，确保资金充足，同时形成更具实践性的长效机制。

（4）加强人才培养与管理。建立人才引进制度，重视人才培养，强化信息化培训，全方位提高从业人员综合素养。

（5）落实信息化体系建设。针对信息化标准体系、安全保障体系、运维体系、考核体系等加以建设，同时严格执行信息安全标准，做好防雷、防火、防水、防电磁等防干扰措施。

（二）城市交通信息化发展中面临的关键问题

（1）信息共享性以及各部门协调性不足。目前城市交通信息化还面临着信息共享性不足的难题，同时各部门之间缺乏有效沟通，没有科学完善的合作机制做支撑，导致整个信息化体系存在不少漏洞和弊端。

（2）系统功能建设不完善。目前交通信息管理系统的功能还较为有限，一方面是功能覆盖范围较窄，并没有完全覆盖整个城市交通体系的方方面面；另一方面，功能作用程度不够高，难以完全满足实际需求。

（3）基础设施建设水平落后。基础设施的建设工作量较大、难度高，在实践中还面临着缺乏科学规划、资金不够充足、与城市整体发展不匹配等问题，导致基础设施建设水平较为落后，有待进一步提高。

（4）保障措施不到位。如前所述，城市交通信息化建设与发展需要全方位的有效保障。不过目前相关保障措施的落实并不到位，在各方面都还存在一定缺陷，导致难以提供可靠保障，严重影响信息化发展进程的稳定、快速推进。

三、城市交通信息化发展的顶层设计与发展趋势

（一）顶层设计

城市交通信息化发展需要准确把握相应的发展目标，将交通信息化与城市整体发展相结合，共同推动城市转型发展，以智能、智慧交通作为实现城市发展战略目标的重要手段。在对城市交通信息化发展进行顶层设计时需要综合考虑不同诉求，确保整个社会各方面的诉求都能得到协调与满足。其中政府更加关注交通信息化技术给整个城市的整体发展所带来的影响以及公众整体满意度；企业更加关注基础设施建设以及对自身运营效率、对用户吸引力等的影响；公众更加关注个人出行相关服务的优化情况。只有准确把握各方诉求与需要，同时积极建立信息公开分享机制，打造城市交通信息服务一体化平台，深化互联网经济和交通信息技术的融合，才能引导企业在信息化建设进程中承担责任，着力解决当前城市交通中存在的各种问题。

（二）发展趋势

（1）信息采集将逐步实现综合化。随着云计算、大数据、智能感应等技术的不断发展，城市交通信息采集将逐步实现综合化，从原本较为单一的数据采集向多方面数据整合转型，进一步拓宽数据范围，提升数据结果的真实性与客观性，消除数据误差，实现动态化的信息采集。

（2）大数据技术的支持使得对海量信息数据的深度挖掘成为可能，可以更加有效地开发和利用城市交通数据，提升相应的交通管理智能化水平。

（3）交通管理决策逐步向智能化方向过渡。云计算、大数据、人工智能技术等的应用，让数据处理变得更加智能化、智慧化，不再是简单地对基础数据进行处理，决策将更加科学、合理、有效。

（4）信息发布与社会关注将逐渐趋向于共融共建。在网络支持下，尤其是5G网络的成熟，使得信息的传输、交换更加快捷，能够为社会大众提供更加全面、高效、智能、优质的交通信息服务。

信息化时代的到来为城市交通现状的改善提供了新的机遇，尤其是对缓解甚至为解决城市交通拥堵问题带来了具有高度可行性的技术支持。对此，有必要对城市交通信息化发展状况进行全面而深度的剖析，重点掌握信息化发展框架、内容，了解其中的缺陷与不足，同时对相应的顶层设计和发展趋势进行研究，逐步构建信息化的城市交通体系。

第三节　计算机与城市交通的发展

社会的发展以及分工不断细化带来了计算机技术的快速发展，数字化在各行各业中不

断推广，城市交通发展关乎城市众多居民的出行，是一个庞大复杂的系统，在城市交通发展进程中，利用计算机通信技术，能提升信息传递的速度，也能大大缓解城市交通发展中出现的各种问题，实现城市交通良性发展。本节从计算机技术和城市交通管理之间的关系以及计算机技术在城市交通中的应用入手，对计算机通信技术在城市交通发展中的特点进行了简要分析，并对建立系统的基于计算机的城市交通管理系统提出了自己的建议。

伴随着我国经济的飞速发展，城市化的进程在近年来大大加速，大量的人口涌入大城市中，增加了城市中日常出行的人员数量，增大了城市的交通管理的任务量。当代社会，城市交通问题成为主要的社会问题之一，如何能够推动城市交通的健康有序发展，是政府需要解决的主要民生问题。在对城市交通运输事业要求越来越高的今天，计算机通信技术的出现为城市交通的发展带来了契机。在城市化发展的同时，由于社会的发展也带动了计算机的发展，计算机因其特有的信息传递快、信息集成度高等优势可以为城市交通提供有力支撑。

一、计算机技术与城市交通之间的关系

（一）计算机为城市交通指挥协调部门提供数据支持

计算机通信技术是近年来社会发展过程中的产物，主要是借助计算机之间的网络相互连接，实现计算机和终端结构之间的数据与信息的交流和硬件的控制，不仅是分析和处理数据信息，也建立传递信息的通道。计算机技术在城市交通方面的应用范围非常广泛，其中包括信息搜寻功能、交通信息处理系统、办公室联网系统以及交通通信指挥系统等。在交通系统中应用计算机技术，既能满足信息的在线快速登记，也能很方便地对运营组织单位的基础信息和数据进行收集，并有效地分析，为城市道路的问题解决提供技术支撑，更加合理地指挥城市交通，优化交通参与者出行路线，从根本上缓解城市交通拥堵带来的压力。

（二）计算机技术为城市居民的出行提供便利条件

城市交通的主要参与者就是数量众多的市民，计算机技术的发展和网络的兴起与发展，为居民出行提供了很多准确可靠的参考信息，比如，居民出行之前可以通过网络自助订购车票，通过网络进行约车，自行解锁自行车，还可以提前通过地图软件查看到达目的地图中的交通实况，做到预先知晓，避免决策失误。

二、计算机技术在城市交通中的具体应用

（一）车牌识别技术在城市交通发展中的应用

车牌识别技术是将计算机运用到城市交通中，实现交通管理智能化的重要环节，它以模式识别、数字图像处理、计算机视觉等技术为基础，主要包括以下四个步骤：位置信息的捕捉、车牌位置定向、车牌数字的分割、车牌数字的识别。当检测路段的传感器

检测到有车辆通过时，车辆通过这一信号由传输通道传送到计算机，计算机再控制图像采集设备采集车辆图像，然后再传送到计算机，车牌的自动定位和识别工作也是通过计算机完成，最终计算机把识别到的数据信息传送到各个应用场所，如监控中心和车辆调度中心、交通指挥中心等。再与数据库中的车牌信息和车辆具体信息进行比照，可以得出全面的车辆信息。

（二）实时的视频监控系统在城市交通中的应用

不同于车牌识别系统识别车牌再传回系统中，通过车牌进行具体的车辆定位和交通管理，实时视频监控系统直接通过系统将被监控区域内的现场图像传回指挥中心，包括车况和路况等，监控的是大面的信息，不需要将牌照导入系统的数据库进行匹配才能知道车辆的颜色等相关信息。让管理人员直接掌握车辆排队、堵塞、信号灯等交通状况，及时调整信号配时或通过其他手段来疏导交通，除此之外实时视频技术还承担了交通警卫的功能，在大型集会活动中或者有其他突发状况时，及时查看道路的交通状况，及时调动警力，以保证广大市民的交通安全。

（三）基于计算机的票务系统的应用

首先计算机在自动售票和检票中被大量运用，自动售票和检票系统通过对身份证磁条信息进行识别，或者是利用图像处理技术对车票进行加密和识别，在日常交通通行过程中，缩短了人工售票检票的时间，大幅度提升了工作的效率，同时也有效地降低了车票售卖和校核过程中的劳动力成本。不仅仅在车站内的售票和检票系统有计算机技术的应用，在车站外任何可以连接互联网的地方都可以接入订票系统，利用计算机通信技术进行网络端的订票，节约订票时间，缓解车站购票压力，无现金化的订票也保证了资金流动的安全，优化了乘客购票的效率和购票的体验，辅助交通管理部门对交通运行方案进行有效梳理。并且计算机技术的应用也能对人们出行需求进行积极追踪，例如，在春节或者是国庆假期的时候，可以通过查看抢票人员的数量来决定车辆是否加车厢，是否增开临时车次等。也可以通过网络提醒大众规避车次时间和时长不理想的交通路线，选择更加合适的出行方案，计算机将大量数据进行集成，方便对信息的综合处理，与传统的人工控制售票检票，客流调控相比，在降低工作强度的同时，减少了不良交通问题的发生，并在一定程度上提高城市交通能力，提高市民出行满意度。

社会的发展带来城市化发展中的种种问题的同时也带动了计算机技术的飞速发展，两者要有机结合起来，运用技术，解决问题，推动我国社会的持续发展。

第四节　城市交通发展的绿色转向

目前，中国正处于前所未有的快速城市化进程中，与此同时，城市的可持续发展越来越受到来自环境、资源、社会等的多重压力，城市交通问题逐渐成为中国城市环境恶化的首要诱因。城市交通作为城市社会大系统中的一个重要子系统，其运行有着特殊的内在规律性。尽快实现绿色交通是解决中国城市交通问题的当务之急。城市交通发展的绿色转向思路与 2015 年国务院印发的《关于加快推进生态文明建设的意见》中提出的"绿色发展"理念是一致的，其实现过程更是"绿色发展"在城市交通领域的具体实践。

城市交通发展的绿色转向不仅是解决城市交通问题的一个重要出路，而且是实现城市可持续发展的必然选择。那么，何谓交通发展的绿色转向？城市交通发展绿色转向何以可能？如何具体实现城市交通的绿色发展？围绕这些问题，本节详细探讨了城市交通发展绿色转向的理论基础、现实意义与制约因素，并对如何实现城市交通的绿色转向提出建议。

一、城市交通发展绿色转向的理论基础

城市化和工业化发展伴生了环境污染、资源枯竭等矛盾，这说明单纯依靠外延式增长的城市发展模式已难以适应可持续发展的需求。城市交通作为城市建设的重要部分，其发展模式同样需要转型。绿色转向是未来城市交通发展的一个重要趋势。

（一）交通绿色转向是现代生态学发展的必然结果

现代生态学发展的一个突出特点是，其研究不仅关注生物有机体与其外部世界（广义生存条件）之间的相互关系，而且更加深入地关注人类这一特殊生物与其生产、生活和环境之间的关系。这主要是由于人类社会进入 20 世纪 60 年代以后，全球范围内不断涌现出诸多涉及人类生存和发展的重大问题，如人口膨胀、能源危机、自然资源匮乏、环境恶化等。上述问题从根本上都可归结为人与环境或者更深层次的人与人的矛盾关系问题。解决这些问题迫切需要生态学的积极介入。人类开始意识到，高速发展的社会如果只是一味向环境索取，那么环境也会反过来阻碍社会发展并危及人类生存。现代生态学的发展反映了人类认识自然和自身及两者关系的过程：人不仅作为主体站在自然面前，而且同时作为客体受到自然的制约；无论人类技术多么发达，人类都不能随心所欲地改造自然；人类社会的发展必须遵循自然规律，坚持可持续的绿色发展理念。

根据生态学发展规律，马世骏、王如松等学者早在 20 世纪 80 年代就尝试将生态学原理运用到推进经济社会发展中，并提出了"社会—经济—自然复合生态系统"理论。该理论认为大到人类社会，小到区域或城市发展，其实质都是以人的行为为主导、以自然环境为依托、以社会体制为经络的人工生态系统。交通同样是一个复合生态系统，交通问题不只是路与车、通与达的物理问题或经济问题，更是一个由车、路、土地、能源、环境和人组成的复合生态系统问题。一个城市的交通系统涉及区域内物流人流的规划问题、城乡土地利用的布局问题、社会与经济效益的权衡问题、人与自然的协调问题以及内部调控与外部诱导的关系问题，因此需要从统筹的高度去系统规划、建设和管理生态合理型交通体系。这种生态交通体系既涉及人类活动范围内的自然生态系统，如城市生态系统，同时又是由

人类活动构筑的一个大型人工生态系统。在这样的体系中占主导地位的生物是人，环境主要指人居环境，交通活动成为联系人与其他生物和环境的纽带。

随着生态科学的不断发展和广泛普及，人们逐渐认识到，要实现人类社会的可持续发展就必须遵循生态规律，按照生态平衡的思想去努力调控经济、社会与自然之间的关系。生态学的思想理论给城市交通发展带来了诸多有益启示，是交通绿色转向理论形成的重要思想基础。可以说，如果没有生态学的指导，交通发展的绿色转向就失去了行动准则。

（二）交通绿色转向是可持续发展环境伦理观的客观要求

环境伦理倡导尊重生命、尊重自然、热爱自然，不仅关心人的幸福，而且关心自然界其他生物的环境福利。然而，人与自然关系的不断恶化迫使人类一次又一次沉痛地反思人在自然界的位置以及人类如何尊重与保护自然等问题。当代环境伦理学在注重伦理研究的同时也注重实践，是一个富有开放性和包容性的新学科，形成了多种理论模式和学说。其中，可持续发展环境伦理观，既避免了对人类特有"能动作用"的过度强调，又规避了非人类中心主义在实践中可能产生的困难，因此更具有适用性。可持续发展环境伦理观在强调人与自然和谐统一的基础上，更承认人类对自然的保护作用和道德代理人的责任，以及对一定社会中人类行为的环境道德规范。任何一种思想，它的活力主要表现在实践中，只有面向现实生活，从理论走向实践，对解决现实生活问题给予指导，才能充分体现它的价值，它才是有前途的。可持续发展环境伦理观关注人类的合理需要、社会的文明和进步，倡导与大自然协调相处的绿色生活方式和可持续发展理念，是人类生态智慧的集中体现。

为了尽快实现全球可持续发展，世界各国在多个领域就不同的问题采取了共同的绿色行为，其中包括绿色交通实践。绿色交通的建设与推广，不仅有赖于交通建设方案的科学化、标准化、绿色化，而且有赖于人的道德自觉。在绿色交通的理论探讨和实践操作过程中，除了要遵循普遍的社会伦理规范，更应考虑人类必须承担的生态伦理义务和责任。反思传统环境伦理观念，建构适应人类可持续发展的环境伦理观，并将其内化为全社会特别是城市居民的自律意识，是绿色交通体系健康发展的重要保证。

二、城市交通发展绿色转向的意义和价值

中国作为一个人口众多、人均资源极其有限的国家，要解决城市交通问题，使之逐步走上健康发展的轨道，必须立足于当代中国的国情。以实现绿色交通为目标的城市交通绿色转向是构建健康的、可持续发展的城市交通体系的必由之路。

（一）城市交通绿色转向的目标——绿色交通

1994 年，加拿大环保学者克里斯·布拉德肖 (Chris Bradshaw) 首次提出了"绿色交通体系" (Green Transportation Hierarchy) 的概念，并对绿色交通工具进行优先性排级，依次是步行、自行车、公共交通、共乘车、单人驾驶自用车。作为第一个将克里斯·布拉德肖的观点介绍到国内的学者，沈添财指出，绿色交通是基于永续运输的内涵，发展一套多元

化的都市交通工具，以减少交通拥挤、降低污染、促进社会公平、节省费用的交通运输系统。他还进一步对绿色交通做了具体阐述：绿色交通旨在减少个人机动车辆的使用；提倡步行，提倡使用自行车与公共交通；减少高污染车辆的使用；提倡使用清洁干净的燃料与车辆。台湾大学的张学孔教授从更为全面的角度对绿色交通给予充分的价值肯定：绿色交通本着永续发展的理念，将促进城乡发展、民众生活、交通运输及资源应用等全面的调整改变；绿色交通的意义是，人类完成社会经济活动所需各种运输方式能符合生态均衡及环境容忍力之基准，进而创造适合人类居住的环境，并确保人类在旅途过程中达到安全、便利、舒适及可靠等目标；绿色交通之推动，即兼顾人类居住的环境需求，创造美好交通设施及生活环境。

总体而言，绿色交通的本质是建立维持城市可持续发展的交通体系，以满足人们普遍的交通需求。这样一个交通体系必须做到：具有明确的可持续发展的交通战略；能够以最少的社会成本实现最大的交通效率；与城市环境相协调；与城市土地使用模式相适应；多种交通方式共存、优势互补。需要特别强调的是，在推动绿色交通发展的进程中，我们必须紧密结合中国国情，在城市可持续发展的前提下，构建中国特色的城市绿色交通系统。绿色交通的核心观念是倡导步行、自行车等慢行交通以及优先发展公共交通。

（二）绿色交通的发展模式契合当前中国国情

美国城市规划专家利维曾经指出，如果一个人想对美国 20 世纪的规划找到一个核心题目的话，汽车就是关键词。而 21 世纪的中国将经历 20 世纪美国经历的私人交通增长所带来的、现在仍然能看到的一切。如果能从这方面来审视一下美国的经验，将是非常有益的。可以说，在中国走向汽车社会的进程中，当前最严重的制约问题就是能源与土地资源的匮乏。若不从这个国情出发，直面挑战，就不能切实解决中国诸多的交通难题。

一是来自能源的挑战。中国的石油储藏量和开采量有限，石油需求将越来越多地依赖进口。汽车拥有量的增加引发了强劲的石油需求，进而对能源供给提出了严峻的挑战。从 1993 年开始，中国就进入了石油净进口国的行列，而且进口量与日俱增。如果中国的汽车人均拥有量达到每 10 人一辆的世界平均水平，那么全世界的石油出口量也不能满足需求。

二是来自土地资源的挑战。以占世界 7% 的耕地养活占世界 22% 的人口，这既是中国人民创造的一项惊人奇迹，也是中华民族背负的一个沉重包袱。中国人均占有耕地面积仅为 1.3 亩，不足世界平均水平（人均 4.8 亩）的 1/3，而且耕地总量以及人均占有量减少的趋势仍然十分明显。耕地已成为中华民族赖以生存和发展的生命线。汽车不同于家电产品，它的使用需要一系列外部配套条件才能实现，除了能源消耗外，还需要道路、停车场等基础设施。然而，中国作为一个人口大国，绝不会允许将养命活口的土地大量用来修建道路或停车场。

根据中国 36 个大城市（包括直辖市、省会城市、计划单列市）的相关数据，"城市交通病"已处于愈演愈烈的阶段。在汽车保有量方面，2/3 的城市已达百万辆级，"病体"日益臃肿。截至 2014 年年底，36 个大城市中有 25 个城市汽车保有量超过 100 万辆，10 个城市汽车保有量超过 200 万辆，北京、成都、深圳等城市汽车保有量超过 300 万辆。在汽车增量方面，2014 年 36 个大城市中 3/4 的城市汽车年增量在 10 万辆以上；根据城市道路网承载力测算，截至 2015 年有 7 个城市汽车保有量处于"非常拥堵"的承载量范围内，如不采取有效措施，今年我国 36 个大城市中还将有近 20 个城市汽车保有量进入"非常拥堵"状态。

因此，如何重新定义与发展交通系统，成为现代文明下一步发展不可或缺的内容，其中，如何使交通系统的发展兼顾未来环境保护、人类健康、运输安全高效等需要是其重点之一。在此情形下，城市交通发展转向绿色化正切合了中国社会的实际需要。

（三）绿色交通符合可持续发展的战略要求

改革开放以来，中国的经济社会发展取得了世界瞩目的历史性成就，但是在多年经济快速发展的过程中，不少生态环境问题长期得不到有效解决，有些已变得十分突出。生态环境破坏和污染不仅影响经济社会可持续发展，而且已影响到国民的身体健康。加大生态环境保护建设力度已成为举国上下的统一共识，"保护生态环境就应该而且必须成为发展的题中应有之义"。加快推动绿色、循环、低碳发展，形成节约资源、保护环境的生产生活方式，不仅是贯彻新发展理念的必然要求，也是发展观的一场深刻革命。

人类社会应从发展以耗费大量自然资源创造财富的资源经济转向发展无污染的知识经济，人类应从大自然的掠夺者变成与大自然和谐共处的亲密朋友。绿色交通正是这一理念在交通方面的具体化。欧美一些国家先后推广的"自行车交通""交通安宁运动""无车日"以及使用轨道交通、电动汽车、氢气汽车、太阳能汽车等无污染新能源交通工具，正是这种努力的具体表现。可以说，绿色交通是世界发展对 21 世纪交通提出的一种更高要求，它是交通可持续发展的必然趋势，是解决长期以来交通发展与交通环境污染之间矛盾的重要途径。

（四）绿色交通是"绿色化"在城市交通领域的重要体现

党的十八大提出，促进工业化、信息化、城镇化、农业现代化同步发展。2015 年国务院印发的《关于加快推进生态文明建设的意见》指出，协同推进新型工业化、城镇化、信息化、农业现代化和绿色化。这是国家首次提出"绿色化"概念，并将"四化"拓展为"五化"，由此可见党中央对生态文明建设的高度重视和战略定位。

"绿色化"概念内涵丰富。"绿色"是生态系统生机勃勃的自然展现；"化"是一个过程，指事物要达到的某种状态。"绿色化"不仅表现生态系统的自然本性，而且体现人的生态伦理精神，即把绿色的理念、价值观内化为人的道德素养，外化为人的日常行为。党的十八大把绿色发展作为生态文明建设的重要发展方式之一，绿色化正是绿色发展的内在要求和外在体现。绿色化赋予了生态文明建设新的内涵：生态文明建设不仅是一种绿色化的生产方式，也是一种绿色化的生活方式，更是一种以绿色为主导的价值观。

"绿色化"意味着自然观、发展观的革新以及生产方式、生活方式的转变，要求在全社会培育生态文化，使之成为公民的基本价值底色，代表了一个以观念转变助推制度建设，继而由制度建设凝练价值共识的社会良性发展路径。"绿色化"是生产方式、生活方式与价值取向的多重改变，是社会关系与自然关系的和谐共进。作为一种新的理念和目标，绿色交通与可持续发展密切相连，也是"绿色化"在城市交通领域的具体实践。

三、城市交通发展绿色转向面临多重制约因素

城市交通问题是一个复杂的综合性问题，同时是一个不断发展演变的实践过程，其中很多具体环节涉及面广、受制因素多。城市交通发展要实现绿色转向同样受到制度性因素、非制度性技术因素等多种因素的制约。

（一）来自法律法规方面的制约

一是城市绿色出行的法规体系有待完善。迄今为止，中国还没有建立起全国性的旨在保障城市公交优先发展的法律法规体系。由于缺乏国家层面的城市公交管理条例，所以公共交通发展的规划、建设、运营和管理等诸多环节缺乏有效的政策支持，面临无法可依的窘境，进而影响公交优先发展战略的具体落实。

二是一些法规、规范性文件的修订工作滞后于当前的交通发展理念与城市出行的实际需要。例如，《城乡规划法》规定城市总体规划的内容应包括城市综合交通体系规划，但没有明确其作为专项规划的具体要求，也未就综合交通与土地利用、环境保护的关系进行具体规定，城市交通发展目标与城市社会经济发展和环境保护目标在法律层面脱节。如此，交通规划、土地利用、环境保护三者的目标在实践过程中就难以协调一致，由此导致交通规划与土地利用规划"貌合神离"。

由于城市交通规划定位模糊，缺乏统一、科学、规范的规划编制指南，所以城市交通规划的编制内容存在较大随意性。各城市的交通规划不仅在范围、期限以及内容方面有着很大差异，而且与各自所在城市的总体规划体系缺乏有机衔接。因此，当前的城市交通规划尚无法充分发挥交通引领城市转型发展的实际作用和创新价值。

（二）源于体制机制方面的制约

改革开放以来，我国交通"硬件"（如道路、立交桥、交通设施及其用地）建设实现了前所未有的巨大发展，甚至在一些方面赶超欧美发达国家，但是交通"软件"（如交通规划、交通需求、交通决策及其机制）的先进性亟须提升。长期以来，我国城市规划、道路建设、公交运营、交通管理、轨道交通的管理职能分别隶属于不同管理部门。城市交通的管理体制和机构设置从中央到地方都缺乏综合协调机制，城市一体化交通规划及其实施尚缺乏相关部门之间协调机制的保障。尽管通过2008年、2013年两次国家层面的交通运输大部制改革，一体化综合交通运输管理体制架构得以初步建立，城市交通系统中大部分

的政府职能得到优化，但随着城市发展和环境变化，交通发展与环境保护之间的矛盾依旧存在且时有激化。

交通管理体制机制与交通发展不相适应的现象日益突出，并集中表现在两方面：其一，在条块结合的政府管理体制下，各主管部门在法规制定和执法过程中仅考虑本部门所管辖范围，缺乏一种全方位、多角度考虑问题的管理机制。相关综合机制的缺失，导致更高层面的顶层设计难以实现，相应的政策制定和行动计划等工作更无从展开，城市交通治污减霾工作在具体的开展过程中常常缺少有效抓手。其二，地方交通运输大部制改革还不到位，许多交通运输职能还分散在多个平行部门。例如，公路、铁路、水运及航空等各种运输方式的管理各自归属不同的部门，环保、建设、住房、地区发展等与交通事业密切相关的部门一般都是"各管各事"。这种多头管理导致各相关部门面对城市交通服务投诉往往相互推诿，其结果一般是问题被悬置。

（三）基于财税补贴政策的制约

一是中央财税政策对城市公共交通的支持力度不够。资金短缺是许多城市交通发展中遇到的最大困难之一。长期以来，地方城市财政承担了城市公共交通发展的主要支出责任，而中央财政的直接投入仅为燃油税补贴，这难以满足公共交通基础设施发展所需资金。据联合国相关组织研究，一个城市的基础设施投资占该市 GDP 的 3% ~ 5% 比较合适，公共交通投资占城市基础设施投资比重以 14% ~ 18% 为宜，但是我国城市公共交通投资占市政公用设施建设固定资产投资的平均比重长期低于上述数值范围。

二是缺乏规范、稳定的公共交通补贴机制。长期以来，公共交通企业的运行主要依靠政府补贴，运营效率、服务质量都缺乏规范的财政激励措施。面对补贴、运行成本、服务质量三个问题，经营者最看重的是如何争取更多的补贴，而不是认真钻研如何降低运行成本或提高服务质量。由于低票价、特殊人群减免票、承担政府指令性任务等原因，公交企业普遍存在政策性亏损。然而，由于多数城市尚未建立对公交企业经济效益的考核评价机制，企业的经营性亏损和政策性亏损无法得到明确界定，加上缺乏科学合理的公交定价机制和稳定的补贴机制，所以不少城市政府只能通过与公交企业讨价还价的形式确定补贴额，以致很多需要补贴的线路和公交企业无法获得足额补贴，影响了公交企业的运营积极性和服务质量。滞后的公交服务水平与市民的出行需求产生愈来愈大的矛盾，导致小汽车拥有量与使用量过快甚至过度增长，成为城市交通可持续发展的重大障碍。

（四）有关技术规范等方面的制约

随着城市规模不断扩大，市政管理日趋复杂，对城市治理技术提出了更高要求。理念先进、技术可靠且具可操作性的技术标准（规范、指南等）是政府部门引导城市绿色出行的有效抓手和重要手段。国外发达国家对技术标准的作用给予高度重视，使其发挥了实实在在的引导、促进与支撑作用。相比之下，我国的城市客运标准体系建设尚处于起步阶段，交通引导城市发展、TOD 模式、BRT 系统、公共自行车系统、智能公交等新的理念、方法、科技成果层出不穷，但由于缺乏统一的、权威的国家（或行业）标准、规范或指南性文件，城市交通系统建设相对粗放。目前缺失的标准、规范及指南主要有：公交专用道设计标准、公交优先信号设计标准、人行道与自行车道设计标准、城市交通污染测量与统计标准等。

四、城市交通发展绿色转向的五大着力点

城市交通发展绿色转向是一个系统工程，涉及交通运输的每一个环节和相关要素，从车、路（基础设施）到交通环境、交通组织、交通管理乃至其所处的整个社会系统均有涉及。城市绿色交通体系的形成必须依靠政府的力量进行推动，避免各种交通方式以自我为中心，各自规划、各自建设，导致系统总体效率降低和资源浪费。具体地讲，可从以下五方面入手推动城市交通发展绿色转向。

（一）重建"慢行系统"，让步行融入城市生活

门到门的汽车出行固然方便，但对于人们的健康、家庭、社区以及城市发展不一定有利。城市的绿色发展需要步行这种基本的交通方式，但是当前的城市交通设计普遍缺乏对步行、步行者路权的应有关注。2014年年初，为切实改善居民出行环境，倡导绿色出行，加强城市步行和自行车交通系统建设，住房和城乡建设部首次发布了《城市步行和自行车交通系统规划设计导则》，要求设区城市编制步行和自行车交通系统规则。实行"慢行系统"专用道，真正让城市交通规划从"车性"回归到"人性"，并不是让城市发展减慢速度，而是让城市发展更加和谐。实行"慢行系统"专用道不仅意味着环保型交通模式，更是现代城市文明的标志。一个具有充分自由选择权的交通系统，必须给步行者、骑车者留有足够的空间。尽管鼓励更多的人步行可能并不如改变物理环境那样简单易行，但是很有必要自上而下地宣传步行的价值，呼吁人们在力所能及的情况下主动选择绿色出行方式。

（二）让自行车回归城市，规范共享单车出行

20世纪，自行车是很多中国家庭最常用的交通工具。但在社会经济发展的洪流里，不少人将自行车视为落后的交通工具，不少城市一再发生将非机动车道缩减或改建为机动车道的现象。2016年，共享单车在资本的大力支持下快速进入市场，并在全国一、二线城市全面铺开。"共享经济""低碳生活方式"等概念伴随共享单车迅速回归国人视野。但共享单车在快速发展中也遇到不少问题，如乱停乱放导致市容混乱；有些人独占私藏车辆，甚至故意严重损耗车辆导致共享失灵等。

要"让自行车回归城市"，首先得"让城市对自行车更友好"，即在全社会形成一种尊重自行车的文化。当前最重要的工作主要有以下四方面：第一，城市规划设计包括道路基础设施的扩建重建、自行车停车场的规划和建立等，能够支持或满足一座自行车友好城市的建设标准；第二，应从制度入手规范"共享单车"出行，制定与完善单车管理法律条例；第三，营造共享单车公平竞争的市场环境，坚持市场在资源配置中起决定性作用；第四，提高公众对共享单车的认知水平。共享单车作为一种新的交通方式，要求使用者秉持共享

理念，主动促进单车的有效利用率，通过合理停放、主动爱惜、及时报修等自律行为让单车实现最大限度的循环利用。这一场由单车（更准确地说应是单车背后的资本）掀起的交通革命能否取得成功，既取决于政府的引领和顶层设计的科学性，也和投资者的获利本能与公益爱心考量以及普通城市居民对单车的文明素养提升与适应息息相关。显然，在中国的许多城市道路管理、规划设计等已遗忘了自行车的今天，自行车友好城市还有很长的一段路要走。我们不仅要明确自行车在城市交通中的不可替代性，更应该明确自行车在城市公共交通体系中的定位，这才是切合实际的、符合绿色交通转向的真正要义。

（三）优先发展城市公交，构造"公交都市"

优先发展公共交通是当今世界各国解决城市交通问题的共识。自 2005 年国务院发布《关于优先发展城市公共交通意见的通知》，公交优先发展就成了我国城市和交通发展的核心战略。多年来通过积极推动公交优先政策，部分城市交通发展质量得到不同程度的提升，但也有专家认为内地大部分城市的表现乏善可陈，一个有力的证据是至今内地还没有建成一个如香港、东京那样国际公认的"公交都市"。width=17，height=17，dpi=110 成功的公交都市不仅在整个区域范围享有良好的出行机动性，而且支持着更大的政策性目标，包括促进城市的可持续发展、建设更宜居城市等。

从当前我国实际情况来看，积极推动公共交通与城市和谐共存已到了一个刻不容缓的重要关口。第一，完善的法律法规体系建设是构建公交都市的重要前提。建议以现行《城乡规划法》等法律的相关内容和精神为基础，结合实际情况，推动出台国家层面的《城市公共交通优先发展促进法》，通过基本立法为中国城市公交优先发展提供全局性、纲领性依据。第二，以城市规划推进和保障城市公交优先发展战略的实施。公交优先发展的关键是在公共交通服务和城市形态发展之间创建和谐关系，因此，在城市规划方案的制订和实施细节中应体现公交优先的思想理念。

（四）建立"汽车共享"制度，减少汽车依赖现象

城市交通绿色转向的最大威胁是市民对私人汽车出行的严重依赖。"汽车共享"对我国城市交通机动化发展有着重要的意义。据统计，一辆共享汽车可以解决 14 个人的自驾出行需求。对于中国这样一个人口大国而言，"汽车共享"的实施效果会比欧美国家更明显。鉴于汽车共享所带来的多种效益，有必要由政府组织推动，在全国推广这种交通出行方式，使这种新型交通方式惠及国内民众，并在缓解城市交通问题中发挥重要作用。不过，"共享汽车"的使用权下放至流动的个体，也对使用者的素质和社会诚信度提出了很高要求。因此，建议加快实现企业内部信用信息与社会诚信体系建设的衔接，并以此为依据出台相关法律法规来约束、规范汽车租赁企业与使用者的行为。

（五）调控和引导私家车发展，从拥有管理转向使用管理

基于我国国情，有必要实行小汽车"计划生育"政策，走控制性发展小汽车交通的"因势利导"之路。政府有充分的理由和必要，引导对小汽车的拥有行为，同时限制和管理小

汽车的使用行为，让消费者支付真实的成本。当斯定律告诉我们：道路增加永远赶不上车辆增加，单靠修路无法解决交通拥挤问题。无论怎样限购限行，有限路网上的车辆都会只增不减，甚至连机动车保有量的期望值也难以设定。因此，必须从拥有管理逐渐转向使用管理。

那么，如何调控与引导？一要在政策设计上下功夫；二要注重使用管制。目前，北上广深等一线城市对小汽车采取了限购政策，但其中又有不同。有的实行摇号，如北京；有的实行牌照拍卖，如上海。拍卖和摇号两种方式的目的一致，都是为了控制小汽车总量，但性质和基础有所区别：摇号带来的车辆壁垒让有购车愿望者（而非计划购车者）蜂拥入场，在此情景下，中签者不会放弃来之不易的"幸运"，客观上刺激了无车族"得牌为安"的心理，并产生部分不必要汽车消费；而车辆牌照有偿拍卖本质上是无车群体让渡道路资源使用权、购车群体通过付费获得道路使用权、牌照费用再投入公共交通实现对无车群体反馈的制度设计。显然，牌照拍卖的限购政策可能更为有效。我国有必要实现道路资源从有偿限制使用到基于激励的有价有限使用管制的转变。

任何事物的发展都有其客观规律。人们一直在努力寻求解决城市交通问题的对策与摆脱交通困境的途径，但问题似乎永远层出不穷。究其原因，固然有诸多主客观因素的制约，但很大程度上还是由于我们对城市交通的特征及其内在发展规律缺乏全面准确的认识。城市交通问题不仅是一个工程技术问题，更是一个社会生态问题。解决城市交通问题需要超越交通发展的技术、经济指标，重新审视交通与人、交通与社会、交通与自然（资源、环境）等的关系，透过交通思考人类生存的方式和意义。解决城市交通问题应有社会学、生态学及环境哲学思想的指导，选择绿色交通体现了城市交通治理思路的转变。从汽车导向转变为步行、单车和公交导向的绿色出行，转型异常艰难，但为了中国城市的未来，我们已经到了一个必须反思并采取切实行动的阶段，否则，我们将无路可走。

第五节　城市交通规划的探索与发展

城市交通是每一个国家都应该重视的突出问题，作为城市运输体系中的中心系统，城市交通直接影响到了国家的发展和兴衰。一些国外发达国家由于一味追求交通工具而忽略了公共交通的发展，这也致使在一段时间内国外相关发达国家交通工具过量，造成严重的城市交通拥堵，增加了交通事故，破坏生态环境。目前世界各国进行公共交通建设有着非常重要的意义，公共交通也成了大众出行活动的首选。本节主要对城市公共交通未来探索和发展进行了分析。

近几年由于公共交通的优先发展策略，政府开始大力推动公共交通的建设和使用，一些城市陆续编写了各自的公共交通规划，也制定了相应的发展政策，这些政策为我国城市公共交通的发展起到了助力作用。但是由于目前我国交通规划理论不够完善，导致各个城市之间编写的公共交通内容存在一定差异，方案可行性较低，因此这时就需要对城市公共交通规划进行相应的研究与探讨。

一、城市公共交通系统概述

城市内部公共交通系统是城市内部公共使用的最为便捷的城市交通设施，从某种意义上来看城市内部公共交通主要指的是在规定路线上进行运输并以公开费率为大众提供的短途客运服务。城市公共交通使用的公共交通方式包括客运练、货运、城市内部区间的运输形式。城市公共交通系统包括公共交通工具、交通线路和司机，系统中各部分存在着整体和动态的关系，这也使城市交通系统和社会经济产生了一定的联系。城市公共交通系统主要是为了整合城市内部交通设施资源，具有一定经济性，能够满足大众实际需求更好地改善城市内部交通拥挤。另外，城市公交系统还能够适应城市社会经济条件下较为复杂的空间，大部分公共交通系统在城市内部可以分为大运输量、中运输量、辅助运输和特殊运输等，不同的运输量其实际运营支出和运营收入各不相同。

二、城市公共交通规划现状

我国各个城市内部的交通体系主要是由个体交通和公共交通两大部分所构成的，公共交通属于城市内部的优先交通，主要是基于个人意识和法律政策上进行资源的优先分配。在城市体系中需要树立一定的交通优先意识，公共交通优先属于法律政策上的扶持，而体制上公共交通会优于其他的交通方式。城市公共交通的发展现状和实际作用影响了城市公共交通的未来发展可能性。随着大众生活水平的不断提升和社会经济的不断发展，私家车数量剧增，城市公共交通受到了城市化发展和机动化发展的双重压力，城市实际公共交通需求受到了一定的影响。同时我国城市道路网络内部存在着一定的问题，这也让我国城市公共交通运行不畅，导致严重的交通堵塞、停车困难现象，这不但会影响整个城市的经济发展，同时也会造成生态环境的严重破坏，产生能源浪费的现象，影响大众生活环境，对城市未来发展也会产生一定的干扰。相关人员经过调查和研究表明，城市内部在相同交通需求的情况下，城市公共交通运行是私家车交通运行的几十倍，这也表示城市内部公共交通可以进一步降低道路交通堵塞量，控制交通需求，使城市居民能够正常选择出行方式，降低城市内部的拥堵现象，缓解城市出行压力，提升城市内部公路使用寿命，节省土地资源，降低能源排放，保护环境。因此城市公共交通有效规划不但成了我国现在各个城市内部交通问题的首要解决方法，同时也成了城市化发展和社会可持续发展的先决条件。

在城市交通内部构成中公共交通属于重要组成部分，能够将客运方式集约化，同时公共交通在城市交通中也发挥着较为重要的作用。随着社会的不断发展，我国人口密度逐渐增高，一些用地规模较多的城市内部进行城市公共交通规划，能够改善城市内部存在的交通问题。随着新型客运技术的到来，城市公共交通也能够为大众提供更加便捷舒适的出行方式，并在各个城市交通中占有非常重要的地位。城市公共交通的大容量发展能够优化城市公共交通结构，调节公共交通系统，降低道路交通拥挤情况。与个体交通相比，公共交通的实际占地面积较小，较为发达的城市内部公共交通系统能够降低个体交通的使用，提升道路资源的使用效率。城市公共交通不仅仅是为群众提供交通服务，同时现在城市内部的公共交通能够引导城市结构，调节城市发展，尤其是轨道交通的出现为城市可持续发展带来了新的推动力，使各大城市不断向多中心发展。传统的城市公共交通有公共汽车、电车、转向轻轨、地铁、铁路等，运输速度也在不断提升。交通的快速变化能够为城市发展提供条件，也可以为城市未来进步给予支撑。

城镇化进程受到了城市经济发展的影响，因为城市辐射力较强，一些以城市为中心的群众会出现公共交通需求，而这时随着社会经济的提升，大众对于公共交通出行的要求也不断升高，高标准公共交通需求推动了城市公共交通的发展，从而产生了磁悬浮列车和高铁等公共交通，这属于城市经济发展过程中出现的必然现象。另外，由于城市公共交通的不断发展也拉动了城市内部经济需求，加剧了群众消费水平，城市内部发达的公交系统能够提升科研效率，为城市经济增长创造完善的外部环境。随着城市内部公共交通系统的更迭，会为城市带来新的发展机遇和投资商机，城市内部房地产开发可以借助城市公共轨道交通的建设来带动周边地区的发展，另外轨道交通的有效投资建设也能够拉动其他产业的进步，为城市经济提供助推力。近几年大部分城市都在进行公共交通网络建设，而这些公共交通建设不但会带动城市内部其他行业的发展，也可以为我国实现可持续发展奠定基础。

三、城市公共交通需求预测

城市内部公共交通需求预测属于交通规划建设过程中的主要环节，交通需求预测的准确性会对规划准确性产生一定影响。交通需求预测主要是结合城市内部交通系统和外部系统情况，预测未来交通信息和流量，相关人员可以基于历史交通规划方式和资料判断未来城市交通系统的发展规律和过程。城市公共交通需求预测能够对未来城市进行预见，同时也属于未来城市发展的首要决策。在公共交通需求预测的过程中不但要分析交通需求在未来的发展情况，同时也要结合城市实际发展情况在有限的资源条件下，正确控制未来的公共交通走向。城市内部传统交通需求预测主要是以土地利用为基础进行预测，这种预测手段经过了很长时间的调整，成了国内外普遍使用的交通需求预测方式。而城市内部交通需求预测方式可以从城市内部居民的出行情况进行预测，从而得出城市内部公共交通的出行分布图，这样不但能够保证城市公共交通系统的合理发展，也能更好地协调城市内部公共交通方式的发展规模，以公共交通预测结果为基础，提升其精准性，改进预测模型和预测手段。

城市公共交通需求预测主要内容包括社会经济和公共交通两部分，城市内部公共交通预测主要分为城市居民公共交通出行、人口流动情况和交通出行情况。其中城市居民出行具有一定的规律性，可以结合居民出行规律来进行未来综合发展预测，按照实际公共交通预测可以对城市居民流动人口进行交通需求预测，最后将不同部分、不同地区的预测结果进行汇总。由于交通实际分配过程中会过度依赖网络和公交网络，所以在实际预测的过程中可以将网络方案加入公共交通预测中来。城市居民公共交通出行指的是城市内部常住人口的出行起终点都在城市内部的出行，一些流动人口的交通出行主要是城市暂住人口集中点均在城市内部的交通出行。

四、城市公共交通规划发展重点

城市公共交通发展的主要目标是想将交通发展全局性充分体现出来，城市需要对应自身的战略目标从而构建一个相对合适的人性化公交交通体系，而后在战略目标的引导下结合城市发展情况确定城市公共交通的发展水平。公共交通发展水平与公共交通服务质量对运行效果、交通环境等有一定影响，城市公共交通发展的总体水平不但需要具有对应目标，也需要将目标进行量化，使其能够得到群众认可。城市公共交通的实际发展形势主要分为公共汽车、轻轨、地铁、公交、出租车等，城市公共交通结构主要表示的是不同公共交通方式在城市交通中占有的比例，其中轨道交通对城市公共交通的发展趋势有着非常重要的影响。城市公共交通结构能够影响交通运行效率，而轨道交通所占比重较高，这时就会降低机动车交通量，提升道路运行效率，如果城市道路交通运行负荷较重，那么就会造成严重的交通堵塞。基于我国城市不同规模结构和地形，城市公共交通可以分为三种情况，一些中小城市主要以公共汽车和自行车进行交通发展，自行车与公共汽车在实际范围内都存在一定的优势，自行车不会占据过多的道路交通面积，产生道路拥堵现象，这也使其能够相互依存。其次一些大中型城市主要以公共汽车为主要发展战略，公共交通可以代替自行车成为城市首要交通，再次，一些大城市会大力发展快速公共交通，这些轨道交通由于其容量较大、速度较快也使其占据了城市内部公共交通的主导地位。

城市公共交通涉及对外运输、市内运输、内外衔接运输等，这就要求城市内部不同的公共交通设施能够有机结合，以满足城市实际发展战略，对公共交通网络进行相应的部署。首先需要确定城市对外交通设施的功能连接，另外还要保证城市内部公共交通网络具有良好的布局和规模，把握城市公共交通的主导形式，确定城市公共交通管理系统。大部分城市公共交通在规划过程中会由于没有涉及过多的公共交通运营组织，导致城市布局形态的规划不够严谨。大部分城市目前公共交通运营组织形式是以线路为基础进行，而这种运营形式在城市发展的过程中会有较为积极的影响，如果能够在某种程度上提升公共交通的服务效率，降低换乘率，那么就可以提升城市内部公共交通的运营效率。但是随着城市规模的扩大，运行效率在逐年下降，公共交通的服务水平无法得到有效的提升，这时就应该结合城市实际情况和未来发展情况，建立起分区分级的公共交通运营形式。城市公共交通战略明确了城市公共交通的主要发展方向，公共交通政策属于交通战略目标的实现手段，公共交通政策可以在城市公共交通战略指导下更好地约束城市公共交通行为。公共交通政策的制定需要以城市公共发展情况为基础，迎合城市未来发展战略要求，同时还应该符合政治社会经济环境在不同的背景下产生的政治需求。城市公共交通政策需要以城市公共交通发展战略为导向，确定发展阶段目标，提出相应的解决策略。想要进一步增强城市公共交通政策的指导作用，就应该将公共交通政策朝着法律方面调整，城市公共交通政策具有一定的延续性，动态政策变化能够对城市公共交通的发展起到一定的保护作用，满足特定时期内的发展需要，政策的延续性和政策的出台主要是为了保证城市公共交通战略目标实现，另外在规划、投资、财税和管理等诸多方面也应制定相应的政策。

五、城市公共交通规划策略

首先，我国城市公共交通建设规划属于城市未来发展建设和规划中的重要组成部分，同时也可以将城市公共交通规划重要步骤进行落实，属于城市公共交通系统项目的基础。对公共交通建设进行规划也就是对交通规划动态进行相应的调查和分析，综合分析可以将城市公共交通的实际发展情况和各行业经营情况相结合，使其服务于社会经济，更好地调整实际需求，为政府决策起到相应的辅助作用。其次，城市公共交通内部的公交场所和运行道路能够为公交系统正常运行做出保证，如果没有有效的物理空间，那么就会使公共交通规划无法落到实处。公共交通实际规划中物理规划属于重中之重，在实际设计的过程中应该结合实际情况并放眼于未来，明确空间位置，避免出现限制因素影响公共交通系统的发展。最后，一些人口规模中等的城市大多出现多个中心的空间布局，所以这时可以结合城市服务功能表现对其进行中心结构的划分，依据大众出行流量提供不同的公交服务需求。大部分城市内部公共交通运营情况主要是以不同线路为基础进行划分的，而这种运营组织模式在实际发展过程中虽然能够提升运行质量，但是随着城市规模的不断扩大和大众出行距离的延长，也会将这种组织模式的弊端充分暴露出来，导致公共交通系统内部服务水平无法提升。因此当下需要结合城市未来发展情况，建立分区分级的公共交通规划运营模式。公共交通规划在实际建设的过程中会涉及多个政府企业部门，存在过多的管理层和管理步骤，所以这时需要成立独立公交建设发展部门，并将实际工作纳入政府相关管理当中去，从而进一步提升对于城市公共交通的运营组织指导，使城市内部客运交通能够得到有效实施。随着我国近几年城市快速发展，部分城市内部公共交通规划为了更好地完成商业部门领导要求，没有合理地进行城市公共交通场地规划，这种现象也让公共交通规划的实际效果没有充分发挥出来。另外在城市实际规划过程中需要认识到公共优先的重要性，在人流量较多的商业区、居住区应该配套建设枢纽站和首末站，合理规划私家车与公共交通车辆的停车区域，将公共交通规划列入城市建设的日常工作中去。

综上所述，城市内部的道路交通属于城市发展的经济命脉，同时也是连接城市各端的重要环节，城市公共交通能够为城市经济发展起到推动作用。目前城市内部实施公共交通优先发展应当得到有效的落实，提升发展科学性和合理性，需要从公共交通发展策略着手，基于城市交通形式和实际需求进行公共交通系统的调查和预测，展开有效的城市公共交通规划。

第六节　城市交通拥堵成因及治理

随着我国城市化进程的快速发展，交通拥堵作为城市快速发展的产物，已成为制约我国城市经济和社会发展的瓶颈。本节将分析交通拥堵对城市社会经济发展所带来的重要影响；基于交通位的理念，从运输需求、运输供给和交通主体角度，分析城市交通拥堵现象的形成机理，提出增加交通位的可选择性、引导交通位的合理产生、实行城市交通时空分流以减少交通位的重叠和交叉管理、推行良好的交通文化的治理。

城市交通是城市社会经济发展的载体，交通出行是城市居民不可缺少的活动。随着我国城市化进程的加快，人们生活水平的不断提高，汽车工业的高速发展，城市交通需求呈现出迅速增长的态势，交通拥挤和交通堵塞的现象日益突出。无论是我国一线城市，还是二三线城市，都不同程度上出现了城市交通拥堵问题。城市交通问题已成为困扰城市发展的重大难题，交通拥堵成为制约城市经济和社会发展的瓶颈，对城市社会经济的发展带来了突出的影响。这体现在：第一，交通拥堵造成时间延误。这既浪费了城市居民大量的出行时间，增加了居民的机会成本，又影响了人们正常的工作和生活，降低了城市居民的生活质量。据诺贝尔奖获得者加里·贝克尔研究发现，全球每年因拥堵造成的损失占 GDP 的 2.5%；第二，影响交通安全。交通拥堵易使人们在等待的过程中产生焦急烦躁的心理，特别是严重堵塞可能造成驾车人和乘客的烦躁不安和心理失衡，增加交通事故的可能性，影响到交通安全；第三，排放大量二氧化碳及有害气体，增加城市环境污染。城市交通拥堵导致汽车频繁怠速，加重了城区的空气污染，影响城市低碳环境的建设，直接影响人的身体健康和生命安全。无疑，解决交通拥堵的问题，是摆在世界各国政府及城市建设决策者们面前的一道难题。对此，有必要进行系统分析与研究，寻找有效的治理对策。本节将基于交通位的概念对交通拥堵的形成机理进行分析，并在此基础上提出相应的对策。

对于交通拥堵问题的研究，国内外许多专家学者从多方面、不同角度对交通拥堵问题的成因以及对策进行了研究，得到了许多有益的结果。

交通拥堵是交通拥挤和交通堵塞的笼统称谓。交通拥挤指当交通需求大于道路实际通行能力时，导致部分车辆滞留形成排队的交通现象。交通堵塞是指由于交通拥挤规模较大，导致道路车辆无法通行的交通现象。

从国外看，在交通拥堵问题的成因上，美国运输部（USDOT）指出交通拥堵的根本原因是缺乏一种有效的机制来管理对现有交通容量的利用。其他原因包括交通事故、大型活动、天气状况、交通信号灯故障等。美国公共交通协会（APTA）指出交通拥堵的根本性原因在于出行线路有限，过多的车辆挤占了道路可用空间。

在交通拥堵问题的治理措施上，罗宾提出通过拥堵收费来缓解交通拥堵的问题。美国公共交通协会（APTA）认为针对交通拥堵的问题，应该从运输装备的角度扩大交通服务能力，大力发展公共交通。安东尼认为智能交通系统（ITS）技术才是解决交通拥堵问题的法宝。

从国内看，国内专家、学者从经济学、管理学、文化学等不同角度对交通拥堵问题进行了研究。从经济学上分析，汤潇从经济学中边际成本的方法分析了交通拥堵问题。欧国立从纳什均衡的角度，认为应引导出行者从个体理性的出行选择走向集体理性的出行选择，以解决城市交通拥堵问题。

从管理学角度，王雅龄、马骥认为以人为本的管理，才是解决交通拥堵的不二法门。黄良彪认为交通拥堵成因包括管理机制有待完善、规划有待加强、人才不足等。针对上述问题，不少专家学者提出了相应对策，如陈佩虹提出综合交通规划是解决城市交通拥堵的对策；黄良彪提出运用先进的交通管理理念加强交通管理；李淑华提出要确立公交战略，大力发展公共交通，以及建立高效的管理机制，提高交通科技含量；李健、贾元华、陈峰提出了多级递阶分散协同控制策略和流程，为应对交通拥堵提供了新的解决方法。

从文化学上，沈培钧认为在忽视行人平等路权的文化氛围中，城市交通拥堵恐怕是一个永远不解的难题。李振福说明了交通文化与交通安全的关系，提出了基于交通文化的全产业链的交通安全策略。

尽管多位学者从不同学科角度分析了城市交通拥堵现象的成因及治理对策，但尚未有关于交通位问题的论述，本节将首次从交通位的角度对城市交通拥堵现象进行分析。

一、交通位的界定及特点分析

它具有以下特点：第一，可行性。交通位是个体出行行为的时空分布，这种出行行为在空间上和时间上应是可行的。第二，可选择性或可替代性。交通位与个体的出行行为相关，不是固定不变的，随着个体出行目的的变化而改变。考虑到不同的交通分布格局，对于从 A 点至 B 点的交通位可以有多种选择，而非唯一的。如从北京中关村至王府井，可以有多条换乘线路选择，这样产生了多个交通位。因而，交通位具有可选择性或可替代性。第三，弹性。交通位是与出行行为相关，会随着个体出行目的、方式、时间、空间、成本以及个体的心理选择的变化而改变。它是可以变化的。第四，时空特定性。交通位作为出行行为的时空分布，具有时空的特定性。对于某一具体发生的交通位，其时间、空间分布是特定的，具有确定性。第五，外部性。交通位具有明显的外部性。对于特定区域，由于时间、空间的有限性，交通位的聚集会产生外部性，对其他个体或群体的交通位的形成产生显著的影响。

交通位的分类分析。基于交通出行的可变性，交通位可分为刚性的和有弹性的。刚性的交通位是作为交通主体必须需要实现的，是不可改变的。有弹性的交通位是可以实现，也可以不实现的，或改变时间、空间或其他条件而实现。根据交通位的可行性，将交通位分为计划交通位和实现的交通位。

通过对交通位特性的分析发现，交通拥堵是众多个体或群体交通位发生集聚的现象，是交通位高度重叠交叉的结果。

二、基于交通位的城市交通拥堵形成机理分析

通过对交通位特性的分析，可以发现，交通拥堵是交通主体的交通行为在空间、时间上的聚集产生的，是交通位高度重叠交叉的结果。

（一）运输需求的分析

从运输需求看，个体由于有通勤、购物、旅游、交往等各类消费投资需求，因而产生了交通位。其中，通勤出行形成的交通位具有较强的刚性，弹性低。众多的个体的交通位形成了交通流。正是交通位的重叠导致了交通拥堵，这与我国城市交通需求的快速增长、机动车数量的增加、城市规划布局、交通位的外部性有着密切的关系。

第一，交通需求的快速增长和集中化。随着我国城市化进程的加快，城市人口规模日趋增加，城市居民交通出行需求迅速增加。这种交通需求往往在特定的时间空间范围内，特别是城市中心区超出了城市交通基础设施、交通装备的承载能力，导致交通拥堵现象的发生。特别是由于上下班时间的一致性，使同一时间段出行车辆、人员异常集中，导致出行需求在时间、空间的集中性与重叠性，引发交通拥堵现象。

交通位是某个个体或群体出行行为的特定的时间与空间分布。交通位是交通需求的特定的时间与空间分布，是交通主体在时间、空间上的特定位置的集合。

第二，机动车的快速发展，使得依赖于机动车的交通位数量过多，在时间上过于集中，在空间上过于密集。以北京市为例，机动车保有量已突破了500万辆。而在交通道路资源有限、机动车超速发展的同时，人们的出行方式极不合理。交通需求的时空分布能够更加均匀化、紧凑化，求得总量的削减，交通资源的利用率最大化。

第三，随着我国城市化的快速发展，由于城市规划布局的不合理，特别是城市功能布局的不完善，导致大量不合理的交通位的产生。许多城市在建设新城区时，把新城区设计并建设成"卧城"，商业服务设施相对缺乏，交通服务严重滞后，导致居民工作地点远离其居住地，致使大批的居民每天早晨像海潮一样涌进市中心或在城市另一头的工业园区，晚上则像退潮一样千辛万苦返回"卧城"。例如，在北京，居住在通州，上班地点在海淀，这导致了刚性的通勤需求，而这种交通位在规划合理的情形下是可以避免的。交通位的产生是与城市规划布局、交通布局、区域空间存在密切联系的，正是城市综合规划，决定土地利用、功能分区、人口、就业岗位等分布，在宏观上决定了交通发生、吸引、分布和城市交通的主要流向与流量。但在城市规划中对交通规划布局考虑不够的情形下，易引发不

合理交通位的产生。

第四，交通需求管理方法和手段有待提升。交通需求管理（TDM）在国外已得到了广泛应用，但在国内还有待进一步推广和应用。交通需求管理实际上是对交通位的管理，它运用一定技术，通过价格杠杆、收费等手段影响交通参与者对交通位的选择，使需求在时间、空间结构上均衡化，以保持一定的供需平衡。交通价格杠杆是调控交通出行行为的重要参数，其所采取的措施有车辆拥有控制政策、车辆使用控制政策等，如车辆税、车辆定额配给、道路拥挤收费、停车收费和车牌限制通行、鼓励合乘车和错峰上下班等。目前，我国各城市在交通需求管理上，特别是价格杠杆的应用上仍存在较大的发展空间。

第五，交通位的外部性造成的。少量的交通位分布在一定空间内，对他人的交通位不会产生影响，不存在外部性。但随着交通位数量的增加，导致个体交通位外部性的产生，产生了交通拥堵现象。

（二）运输供给的分析

从运输供给看，不同的交通运输方式形成了运输供给的主体。出行者选择了不同的运输方式，形成了不同的交通位。

第一，供给的有限性。由于城市空间的有限性，交通的时空局限性以及交通基础设施供给的有限性，导致了交通位的有限性，原有的仅靠扩大基础设施的思路无法解决当前的城市拥堵问题。需要认识到，供给的有限性是刚性约束条件，是在交通拥堵治理时需考虑的因素。

第二，交通方式的结构上，存在公共交通事业相对滞后、公共交通供给相对不足的问题。从城市居民个体出行考虑，有购买能力的城市居民通常会选择私家车出行，因为私家车便捷、舒适；而绝大部分城市居民一般选择城市公交，因为城市公交选用大型车，便宜实惠。在城市道路供给既定的情况下，发展城市公交是减少交通需求量以平衡供求的最佳选择。虽然城市管理部门已认识到优先发展公共交通的重要性，但总体上看公共交通供给在交通结构中仍存在较大的发展空间。

第三，交通衔接不畅通。由于不同交通方式，如高铁、地铁、轻轨、公共汽车、出租车等隶属于不同部门管理，导致不同交通方式的衔接不通畅，给乘客出行带来了极大不便。因而，出现了出行主体仍以机动车为主的局面。

第四，交通管理水平有待提高。在城市交通系统的细节设计方面，如交通标志和信号灯的设置，交通诱导信息的及时发布，交叉路口道路的设计，高速通道进出口的设计和分布等，均是影响交通的因素，在我国这些方面尚有待进一步完善和提升。通过制定交通运行评价指标体系和拥堵分级标准，建立热点及重点片区道路交通状况实时监测机制。通过手机、广播、交通信息屏等手段向社会发布路况信息和交通拥堵指数，引导公众合理选择出行方式和出行线路。针对不同交通拥堵等级，组织制定交通拥堵应急处置预案，制定治理措施并组织实施。

（三）交通主体的分析

从交通主体看，目前交通主体的交通文化意识还有待提高。城市交通系统作为复杂系统，主体的人是中心，无论是从城市规划、道路建设管理、交通参与者、道路使用者都与人有关系，而人的所有与交通相关的行为均与其所持的交通文化意识有密切关系。目前，机动车司机不良的驾驶行为及习惯，如不遵守交通规则，频繁地插队、占道，是对他人路权和交通位的侵犯，是造成交通拥堵的重要因素。此外，部分城市居民随意穿行马路，不遵守交通规则，易引发交通事故和交通拥堵现象的发生。

三、城市交通拥堵治理对策

城市交通系统是复杂系统，城市交通拥堵的治理是一个系统工程，需要从交通位的产生、管理、引导等多方面多管齐下，以促进交通拥堵问题的解决。

（一）增加交通位的可选择性

便捷出行是城市居民的基本权利，保障居民便捷出行是政府的重要责任。政府管理部门应大力创造新的交通位，增加交通位的可选择性，服务城市居民的出行。首先，政府需制订科学的城市发展规划和城市综合交通规划，引导交通位的产生和正常流动。在制订城市综合规划时充分考虑交通因素，在土地利用、功能分区、人口、就业岗位等分布确定时，在宏观上决定了交通发生、吸引、分布和城市交通的主要流向与流量，从而有利于政府对交通需求结构进行宏观调控。其次，加大交通基础设施的建设，为城市居民提供便利条件。在一些中小城市，政府仅靠加强交通基础设施的建设，如修路等，就能保障居民出行权利的实现。但对于像北京、上海等特大型城市，多修路修地铁只是其中一个基本层面，政府还应不断改革创新，采取多种方法措施，保障居民的便捷出行。然后，提供更多的城市公共交通装备，服务居民出行。城市公共交通工具是保障居民出行的重要公共产品，政府有责任提供多种方式和更多数量的公共交通工具保障居民出行权利的实现。公共交通出行方式不应局限于大容量的地铁和公交车，政府应探索更加舒适和便捷的其他公共交通方式供居民选择。积极推行共享交通模式，创新采用"汽车共享"交通模式。同时，大力解决不同交通方式换乘的便捷性问题，促进更多的居民选择公共交通方式出行，发挥公共交通容量大、节能环保的优势；最后，政府通过城市空间结构、功能布局的优化调整，对居民的原生交通需求进行调控，降低交通位发生的数量，减少交通出行总量和出行距离。同时，改善路网布局，分散刚性交通需求，减少绕行距离。解决城市交通拥堵，着眼点不应局限在"便捷出行"上，更应在"不用出行或减少出行"便能实现出行目的上下功夫。从长远看，优化城市功能布局，保障居民出行目的的实现，是解决城市交通拥堵问题的根本路径。

（二）引导交通位的合理产生

居民有权自由选择自己的出行方式，政府应通过引导和调节保障每个人出行权利的实现。政府在提供多种方式和更多数量的公共交通基础设施、公共交通装备基础上，应采用多种方式积极引导和调节居民的交通位的选择。交通管理部门在现有既定布局的基础上做好车流、人流的组织调配，对交通进行监控、指挥、引导与疏散，以改善交通秩序，提高交通运行质量。居民通过价格、时间和舒适度等对比确定自己的出行方式，政府通过价格杠杆调节出行比例，城市交通在合理引导和调节过程中健康发展。政府可通过提高行车成本，推行机动车限行措施，降低公车的保有量，限制私家车的使用，积极提倡市民绿色出行。

（三）实行城市交通时空分流，减少交通位的重叠和交叉

城市交通时空分流是从时间和空间上来改善交通高峰的交通位过于集中的问题。在时间方面，在上下班高峰期，按不同的行政区域适当错开上下班时间安排，从而避免上下班交通拥堵的问题。此外，政府还可以通过改变机关、事业、学校等部门的作息时间，实行不同的上下班时间。工商企业则根据错时上下班原则，结合自身生产的实际情况来合理确定上下班时间。在空间方面，由于大城市交通拥堵严重的一般是位于市中心繁荣地带的老城区居多，而老城区的交通基础设施改造或扩容的难度很大，因此，可以通过在郊区建立卫星城、增加多个城市分中心的办法来缓解原有市中心的交通压力。时空分流的实行依赖于信息化、智能化的交通管理技术的应用，应大力推广物联网技术在城市交通领域的不断应用。

（四）推行良好的交通文化

城市交通系统作为复杂系统，主体的人是中心，从城市规划、道路建设管理、交通参与者、道路使用者都与人有关系。而人的所有与交通相关的行为均与其所具有的交通文化意识有密切关系，因而有必要加强交通法制、路权意识的宣传，实现交通道德意识常态化、交通安全意识普及化、交通行为文明化。作为合格的公民，需规范自己的交通行为，自觉遵守交通规则，减少不必要的出行行为，优化、理性地选择交通方式和交通位。作为司机，应严格遵守交通规则，保证良好的驾驶行为。另外，在交通管理主体上，政府要加强交通法制、安全等的教育和宣传，提升全民的交通文化素质。

第二章 城市交通的创新研究

第一节 城市交通的人性化

从城市居民的角度出发，对交通人性化的含义及特征进行了概述，并对城市交通系统中缺乏人性化的设计进行了研究，按照宏观到微观的思路，从交通发展战略、交通设施等方面提出了解决城市交通中人性化问题的根本方法。

一、城市交通人性化问题的提出

交通问题是世界各国都关注的突出问题，随着改革开放以来我国经济的迅速发展，汽车工业的进步以及城市化进程的迅速加快，汽车行业的迅猛发展不但是城市扩张的推动力，也是城市化的必然趋势。在城市发展过程中所产生的"车本位"思想日益突出，却日渐忽略了"为什么而发展城市"这个问题。刘易斯·芒福德曾提出："城市的存在不是为了汽车通行方便，而是为了人的安全与文明。"

随着生活品质的提高，城市居民对人性化的重视程度也日益增加，其中包括城市设计中的人性化体现，而交通系统作为支撑城市存在和发展的骨架，交通规划设计中的人性化体现更是关乎居民的日常生活。长期以来，"车本位"的规划思想将机动车的通行作为首要目标，行人和非机动车的通行则受到限制，而这种规划方式亦造成了大量的城市污染和交通拥堵。关于交通规划设计的人性化研究，国外的发展速度较国内快，而国内的城市规划起步较晚，同时对人性化交通的理解力度也不够，虽然在近年来对"人性化"有了更多关注度，但实施力度还较小，在城市设计中还是一味地为小汽车找方便。近年来，绿色交通的发展在我国得到空前的重视，国务院于 2013 年印发的《关于加强城市基础设施建设的意见》，将"步行和自行车交通""绿色交通"提到了国家政策的层面，改变传统的"以人为本"的笼统表述，旗帜鲜明地确立了"行人"在交通系统中的优先地位。

二、城市交通人性化的含义及特征

（一）城市交通人性化的含义

人性化的城市交通可以理解为交通技术与交通参与者的关系协调，让城市交通的发展围绕交通参与者的需求来展开。城市交通人性化的"人"指的是参与城市交通的出行者，即城市居民，主要包括两种人：当代人和后代人。城市交通人性化要求在生理和心理需求方面都满足这两种人的出行意愿。具体应包含下列几个含义：安全性，是交通出行中最重要最基础的要求；可达性，任何交通系统都应该具有可达性；舒适性，不仅是注重机动车出行的便利性，对步行和非机动车的出行舒适度也要考虑；经济性，在满足以上条件的情况下，居民在选择出行方式的过程中就会追求金钱成本的最小化；可持续性，现有城市建设应在不破坏后代人出行环境的前提下进行，为此应倡导绿色、低碳、集约的可持续交通模式。

（二）城市交通人性化的特征

人性化交通的特征会随着社会及城市的发展提出不同的、适宜的要求，应具备以下基本特征。

以人为本——城市交通人性化发展的基本特征。

城市交通系统并非孤立的系统，它的参与主体是人，城市建设必须站在参与者的角度上，为城市居民创造更加舒适、安全的出行环境。可以认为，以人为本是现代城市交通发展的基本特征，是使城市居民拥有更好生活环境的前提。

连接性——实现各种不同交通方式间的人性化衔接。

交通系统的发展是为了实现城市间各个要素的快速移动，在现代各种交通方式并存的城市中，各个交通方式之间的快速高效衔接显得尤为重要，因此，要加强城市中不同交通方式的有效衔接，完善交通接驳体系，加强交通一体化发展。

特殊性——与各个城市其他条件相辅相成。

大城市的发展都有一定的共性，但在城市交通发展中，必须注重每个城市的"个性"，城市拥有自身的地理、历史、气候等条件，因而城市也拥有适合自身的交通发展模式，应在人性化的基础上满足不同城市的特殊条件。如北京为了保护老城完整的历史风貌，城中限制修建高架桥，这也是北京成为"首堵"的原因之一，因此北京就采取发展城市轨道交通的方式来缓解交通拥堵。

三、城市中缺乏人性化的交通设计

（一）人行道和交叉口

在城市交通设施中，人行道、人行横道、过街立体通道是步行交通的载体，由于设计不合理导致人行道宽度不足、路面不平整、绕行距离过远等非人性化问题的产生，不符合行人爱走捷径的心理，也不满足行人安全出行的要求。CJJ 37-2012 城市道路设计规范中规定城市道路人行道最小宽度不应小于 2 米，却出现了济南最窄人行道为 20 厘米的设计，该人行道仅为规范最小值的 1/10。

生活性道路是居民步行出行的主要街道，却出现交叉口处无红绿灯等交通设施的情况，行人过马路时毫无安全保障，穿梭于来往的机动车与非机动车辆之间。以成都市犀浦地铁站前的道路为例，该交叉口周围是商业较繁华地区，也常有学生通过，由于交通设施的缺乏，为行人增加了出行的危险程度。

（二）隔离带

为了让机动车在城市道路上更加安全、畅通地行驶，在城市中等级较高的道路上设有城市道路中央隔离带，但这种隔离带的设置便利了机动车却分割了道路。如果过街距离过长，行人就会选择跨越隔离带过街。隔离带的不合理设置，不但给行人带来不便，而且人为地把车辆和行人集中到道路交叉点上，大大增加了交叉口的交通复杂性。

有学者做过定量研究，长距离的步行，隔离带不能超过 400 米。同时如果过街天桥的距离超过 300 米，行人就有跳跃栏杆的冲动，距离达到 500 米时行人往往就会采取跳栏杆的方式。因此并非所有高等级道路都需要设置隔离带，非主干道上可以考虑不设隔离带。

（三）红绿灯

中国式的过马路：凑够一撮人就可以走了，和红绿灯无关。这种现象产生的原因在于为了便利机动车通行而一再压缩行人的通行时间，行人在等候时间过长的情况下就容易出现闯红灯的情况，往往在生活性道路却有着更长的等候时间，这极为不合理的情况给城市交通带来巨大的安全隐患，同时，设置较多的红绿灯，车辆在行驶过程中不断刹车减速，所消耗的燃料增加也是造成空气污染的原因之一。

（四）高架桥

高架桥确是城市缓解交通拥堵的一个有效措施，城市交通的发展离不开高架桥的修建，而从人性化的角度来说，高架桥天生就存在诸多缺陷。高架桥的修建浪费了许多城市空间，严重分割了城市，同时给人造成极大的心理障碍。虽然目前国外有许多重新利用高架桥下空间的成功案例，但是在国内相关改造还尤为欠缺。

（五）非机动车系统

在 20 世纪 60 年代，我国曾是"自行车上的国家"，目前在绿色交通的倡导下，自行车开始重新被利用起来，也出现了共享单车等方式，不断推动城市交通出行结构的转变。但在长期以汽车为导向的城市建设中，缺乏非机动车的交通设施建设和规划，非机动车的动静态系统缺乏成了阻碍城市交通发展的诟病。交通换乘站点地区大量的自行车占用人行道进行停放阻碍了行人通行，同时城市道路中非机动车道的缺失是非机动车出行存在安全隐患的重要原因。在推行低碳交通发展的同时，自行车的大力发展将给城市生活带来极大的变化，与此同时，城市应该及时做好相应的准备，避免各个交通系统的混乱。

（六）特殊人群的通行障碍

在城市出行的主体中，除了正常体质的人，还包括残疾人、老年人、伤病人等群体，他们无法像正常人一样穿过人行道上的车缝，更无法躲避急速行驶的非机动车。城市中诸多可供这个群体使用的设施缺乏或被侵占，致使出行困难重重。一个城市对无障碍设施的关注程度体现了一个城市的文明程度，城市交通人性化设计是体现城市居民平等出行原则的重要手段，对城市中特殊人群给予更多的关注，也是城市交通人性化设计的特别要求。

四、城市交通人性化设计的措施

（一）城市交通发展战略中的人性化发展

1. 坚持以人为本的指导原则

在制定城市交通发展战略的过程中，应坚持以人为本的原则。城市交通的发展应注重交通的通行效率、社会出行公平和环境保护，应加强对居民出行需求的调查，根据居民的实际出行情况提供便捷、安全的交通出行方式。做好各个交通出行方式的协调发展，要注重公共交通、非机动车和步行交通的规划，保障非机动车和行人的交通安全。

2. 鼓励发展公共交通，限制小汽车

从通行效率来说，公共交通远高于小汽车。一辆大型公交车所占道路面积约为一辆小汽车的2倍，而载客量却在小汽车的10倍以上，一辆公交车完成单位客运量所消耗的能源及带来的空气污染是小汽车的1/10左右。

大城市可鼓励发展城市轨道交通，中小城市可大力发展城市公共汽车交通，倡导小汽车向公共交通转变，转变交通出行结构，由粗放型交通系统向绿色、集约、可持续交通转变。

（二）城市交通设施的人性化发展

1. 完善道路交通网络

目前我国的城市基础设施处于快速发展时期，道路通行效率得到很大提高，但仍存在道路总体容量较小、交通拥挤现象突出等问题，因此必须进一步完善道路交通网络，形成道路分级分类明确的道路网络。提高次干路、支路的连通性，促进城市交通微循环，进行道路"峰腰"、错位的梳理。明确城市道路的分类，在进行道路设计时有明确的分工，交通性道路主要满足交通需求，而生活性道路则坚持以人为本的原则，重点考虑行人的需求。

在满足出行需求的同时，还需注重道路与景观相结合，如在高架桥建设前进行桥下空间利用设计，充分发挥规划设计先行的优势，让道路与城市景观互相融合，从而更多地达到人性化设计的要求。

2. 促进各种交通方式的人性化衔接

城市各种交通方式的衔接程度直接影响到交通的效率和便捷程度，加强交通一体化发展、完善城市接驳体系、进行"站城融合"等研究是城市交通发展的必修课题。目前，我国不同交通方式之间的无缝衔接已经有了进一步的发展，但容易出现换乘站点交通杂乱，难以管理的情况，因此，在进行交通规划时应加强各个部门的协调，进行统一布局。同时加快市内交通枢纽的一体化建设，尽可能实现各种交通方式间的"零换乘"。

3. 实现交通管理设施的智能化、人性化

实现城市交通的人性化发展，就应该实现交通管理设施的智能化和人性化。利用大数据技术，加快智慧交通系统的建设，提高城市交通的通行效率。智慧交通系统主要包括智能化的道路监控系统和交通信息系统、智能化的交通运营管理系统和需求管理系统。利用道路监控系统和交通信息系统，对路况进行实时信息采集，并对交通容量进行分析和评估，实时对交通信号和交通流向进行优化。利用智能化交通运营管理系统，减少出租车等运营车辆的空驶率，提高交通运营单位的效率，同时达到节省道路空间的目的。

4. 加强对城市无障碍设施的关注度

无障碍设施的建设是城市体现人性化设计的一方面，是特殊人群走出家门、参与社会生活的基本条件。为保障城市交通无障碍环境的打造，设计及管理工作者应首先提高对无障碍设施的认识，按照无障碍设施的设计规范、标准进行设计。其次，应加强审批制度，将无障碍设施的建设作为严格的审批标准，在施工验收的过程中，也应将无障碍设施建设的合格程度作为一项重要指标。

第二节　网约车与城市交通结构

网约车的出现与发展，使城市客运交通的结构发生了变化，城市交通状况有所改变。在宏观层面，网约车通过影响出行效率、交通秩序和资源环境适应度，引起城市交通结构的明显变化。本节运用科学的评价方法从出行效率、交通秩序和资源环境适应度三方面探究网约车对城市交通结构的影响，并对天津市的城市交通结构做出相关的评价。结果表明，网约车满足了城市居民的出行需求，提高了城市客运交通的运行效率。本节对规范网约车市场发展，促进城市交通可持续发展具有重要的理论和现实意义。

2014年网约车进入天津市场。2015年天津网约车注册用户达到600万，其后用户数量缓慢平稳增加，如今已达到800万的规模。根据2017年天津市居民出行调查可知，天津中心城区家庭户人口总量为450万人，日出行总量为1089万人次。其中机动车出行比例为30.1%，而网约车只占1.4%。按此计算，天津市网约车日出行量为15.25万人次，占机动车总日出行量的4.6%。

如今，城市交通发展如火如荼。为了协调城市交通的发展，各地纷纷出台小客车限购

限行和网约车管理政策。网约车持续占据社会热点话题榜，引发热议。毋庸置疑，网约车的出现打破了传统的城市交通结构，将产生城市交通结构新格局。网约车不仅能减少特定人群的购车意愿，还有利于新能源汽车的推广和城市绿色交通的发展。然而，负面观点却认为网约车吸引了原本无出行意愿的司乘双方，增添了不必要的出行需求，使城市交通拥堵越发严重，导致城市低碳交通发展无以为继。信息科技成果如何面对城市环境恶化与交通拥堵等问题，是当前城市交通管理规范化的焦点。本节将通过分析网约车对城市交通结构的影响，从宏观层面科学评估网约车对城市交通结构的影响，深入研究网约车对城市交通结构的影响。本研究对规范网约车市场发展，解决当前城市交通痼疾，促进城市交通可持续发展具有重要的理论和现实意义。

一、指标体系构建

评估网约车对城市交通结构的影响是本研究的主要内容，而评估的核心是确定评价指标体系。为使指标体系全面、科学、客观、合理地反映研究内容的所有因素，本节确定的评价指标包括出行效率、交通秩序和交通环境适应度。

出行效率作为评价指标，是因为城市交通系统追求的目标是效率，城市交通结构实现的功能也是高效出行；交通秩序能反映出城市交通的混乱和拥堵情况，可以用拥堵指数和事故率等表示；交通环境适应度主要从可持续发展的角度考虑，城市客运交通结构的不同组合会给环境造成不同的压力。

二、指标参数及其分析

（一）出行效率

效率是运输组织系统竞争优势的集中体现，它是运输组织系统的目标和价值取向。技术是交通组织系统提高效率的基础，它通过改变运输系统的物理要素和变量来改变运营模式和流程，从而提高运营效率。系统通过重新安排经营主体的产权与利益关系，优化经营环境，达到高效运行的状态。近年来，互联网技术的发展和手机的普及使网约车得到了快速的发展。网约车的优势在于它依赖云计算，LBS 和其他互联网信息技术。这不仅解决了出行和需求之间的信息不对称问题，也大大提高了人们的出行效率。通过需求预测与道路规划，网约车极大地提升了出行效率并提供更好的用户体验。根据经济学原理，理性经济人在从事经济活动时会本能地追求最大利益，消费者总是期望得到高质量和低价格的产品和服务。网约车就成了当今高效率出行的首选工具。

作为城市客运交通的追求目标，出行效率关乎整个城市客运交通的状态。出行效率主要体现在出行时间、出行费用及出行质量等方面。

出行时间指出行者完成出行所需的总时间。出行费用既可指出行者完成出行所需的广义费用。这里将出行时间和出行费用都定义为一次出行所消耗的成本。出行质量是指出行获得的效用，包括安全性、便捷性、舒适性等。

网约车多种服务模式的时间成本明显较低，费用成本相当或者部分较高，出行质量却有明显的增加。因此，网约车是一种交易成本较低、资源利用效率较高的出行方式。

（二）交通秩序

交通秩序指交通整体按照一定的次序运作时，越混乱的交通越无序，越拥堵的交通越无序。而交通的混乱拥堵，会增加道路交通的事故发生概率。因此，通常用拥堵指数和事故发生率来表征交通秩序的水平。

1. 拥堵指数

拥堵延时指数是反映道路交通运行拥堵延时状况的评价指标，以道路网大多数路段的实时拥堵情况为基础，实现对城市道路交通拥堵水平客观、准确、快速地评价。

2015 年天津市高峰拥堵延时指数是 1.72，2016 年是 1.74，2017 年是 1.678，2018 年第三季度天津市高峰拥堵延时指数是 1.618，比上一个季度减少 3.9%，相比 2017 年同期减少 0.1%。从 2015 年至 2018 年第三季度，尽管自 2015 年起天津市交通拥堵延迟指数整体保持平稳下降的趋势，高峰拥堵延时指数经历了 2016 年的短暂上涨后又下降，在 2018 年第三季度最终下降到了一个最低点，全天拥堵延时指数也是相同的变化规律。拥堵排名天津始终排在全国被调查城市的中等水平。

虽然各个指数整体保持下降的趋势，但是 2015 年和 2016 年的高峰拥堵延时指数、全天拥堵延时指数相对偏高。这与 2015 年资本大量涌入网约车市场，使用量大幅增加的时间节点基本吻合。当时激烈的价格战刺激了网约车出行需求，客运量也随之呈现增加。这说明网约车与天津市交通拥堵存在一定的联系，甚至可能加重了当年的拥堵。但是后来拥堵指数保持下降的趋势，与当时网约车价格战的停止及 2016 年年末网约车相关管理条例的出台明显有着不可分割的联系。网约车规范化管理后，网约车的预订没那么容易了，快车价格优惠幅度也减少了。出行者对网约车的选择开始理性化。与此同时，城市交通的拥堵也相对缓解（高峰拥堵延时指数降为 1.678）。综上所述，网约车与拥堵存在一定的联系。

2. 交通事故发生数

交通事故发生数用来衡量城市交通安全的指数。2009 年以来的天津市安全相关数据，分为三个指标：交通事故发生数总计、交通事故死亡人数总计和交通事故受伤人数总计。

天津市的交通事故发生总数呈现先减少再增长，最后又减少的波动。天津交通事故发生数从 2009 年减少至 2011 年，2011 年以来缓慢增长，2016 年的交通事故发生数达到了 5912 起，在 2017 年减少到 5564 起，与交通事故受伤人数趋势大致相同。而交通事故死亡人数总计呈现逐年减少的趋势。

由此可见，网约车的出现与交通事故发生数并没有明显联系。

但是，网约车给道路安全带来的影响一直充满争议。从商业模式看，网约车为了扩大市场占有率，以低准入条件来吸引良莠不齐的驾驶员和私家车，极易增加交通事故发生率。

不仅如此，基于平台的订单分配规则，乘客当时没有选择司机的权利，只能在行程结束后，通过评价机制来约束平台控制风险。一旦发生问题，司机与乘客及平台之间可能难以确定责任承担方，导致保险理赔问题难以解决。

2016 年 11 月 1 日，随着《网络预约出租汽车经营服务管理暂行办法》正式发布，网约车的运营才有了法律保障护航。与此同时，全国首例网约车交通事故赔偿案在北京海淀法院宣判，法院对网约车与第三人发生交通事故所产生的保险责任和损害赔偿做出了明确的责任划分。这无疑是继网约车新政颁布、网约车合法化后的又一飞跃。

（三）交通环境适应度

在城市客运交通系统，一旦占用道路时空资源接近或超过道路时空容纳量时，交通就会出现混乱现象；同样地，一旦环境污染接近或超过环境允许最大容量范围时，城市环境会恶化。长此以往将严重影响城市交通可持续化的发展目标。只有适当节制地进行资源利用，城市客运交通才能保证正常运转。交通环境适应度可从道路资源占用和环境指标变化这两方面来表征。

1. 道路资源占用

道路资源是指城市道路能够到达城市的各个区域，供城市内的交通和行人使用，便于居民开展生活、工作和文化娱乐等活动。道路上行驶的机动车占用了时间和空间资源。由于道路资源有限，对机动车（尤其是网约车）进行有效控制就显得十分重要。这里从私家车的增长量和网约车出行量占比两方面来分析道路资源占用的情况。

在私家车增长方面，近年来随着城市化进程的持续加快，城市人口迅速增加，私家车数量呈爆发式增加的态势。从中国统计局数据可得，在 2011 年到 2013 年，天津市私人汽车拥有量呈现逐年剧增的趋势。2014 年 1 月 1 日起，《天津市小客车总量调控管理办法（试行）》开始施行。这直接导致了 2014 年后私人汽车拥有量增长幅度的放缓，2016 年甚至出现了负增长。

在网约车出行量方面，根据 2017 年天津市居民出行调查数据可知，天津市居民日出行总量为 1089 万人次，每天的机动车出行比例为 30.1%，通过计算可得机动车日出行量为 327.79 万人次。而网约车出行比例为 1.4%，通过计算可得网约车日出行量为 15.25 万人次。由此可见，天津市路面上的网约车占据机动车的比例很低，基本上不会对道路资源的占用产生影响。而根据专家测算，私家车有效使用时间仅为 5%，私家车在大部分时间都处于停驶状态。而且，私家车行驶时单人驾驶的比例高达 80%。这一情况表明私家车的利用效率极低。而网约车的各种服务模式，正是通过大规模存量资源的整合利用，提高私家车的利用效率，最终达到互利互惠和减少道路资源浪费的目标。其中拼车或者顺风车服务模式通过增加单位车辆的承载人数，降低汽车的空驶率，有效减少了人均交通资源的占有量。如果出租车或私家车出行被转移到网约车的拼车或者顺风车服务模式，将会极大地减少车辆在道路上的时空占用量。另一方面，受小客车增量指标的限制，部分市民对轿车购买的意愿降低，转而用网约车替代。这是对道路资源的一种节约。

2. 环境指标变化

相关调查显示，大中型城市的汽车尾气排放占大气污染约 80%。毋庸置疑，天津市汽车尾气会造成极大的空气污染，同时严重危害居民健康。因此，有必要控制汽车尾气以促进城市交通结构的优化。

汽车尾气的排放受诸多因素的影响，如车型、车速、当前道路交通情况是否畅通等。网约车中的拼车和顺风车模式因车辆合乘而减少了车辆对道路资源的占用，从而降低尾气排放，产生出绿色效应。

天津市机动车排放物中二氧化硫自 2011 年起逐年减少，在 2016 年甚至减少超过六成。氮氧化物也呈现相同的变化规律。而烟尘排放量自 2011 年起逐年增加，在 2014 年开始逐年递减。与此同时，近年来天津市私家汽车拥有量缓慢增加，数量逐渐稳定。由此可以推断，2014 年以来网约车的迅猛发展与机动车废气排放并无明显的关系，网约车并未造成环境的恶化。

本节从出行效率、交通秩序和交通环境适应度三方面分析研究网约车对城市交通结构的影响，结果表明网约车能够满足城市居民出行的需求，可以提高城市客运交通的运行效率；虽然网约车与城市交通拥堵存在一定的相关性，但是交通拥堵状况的改善又与网约车有着必然的联系；道路事故发生数的增减也与网约车的发展阶段有一定的关联性；网约车对道路资源的占用利大于弊，并未加重道路交通的负担，也未造成环境的恶化。总体上，网约车并未加重对城市客运交通的负面效应，反而它对城市交通结构起着一定的优化作用。

作为互联网技术在交通领域的创新应用，网约车具有先进性。网约车不仅为出行者提供便利和快捷的服务，还减少了车辆出行数量，缓解了交通拥堵压力，提高了道路和车辆资源的利用率。尽管网约车对城市交通结构有着正面作用，但其非集约化交通的特点也带来了一定的负面作用。因此，在推进城市客运交通可持续化发展的前提下，对网约车及其发展进行引导和监管，使其在不增加城市资源负担的前提下发挥出优化城市交通结构的作用。为此，本节提出如下建议。

差异化监管网约车服务。在网约车各服务模式中，专车和快车、顺风车对客运交通的影响存在较大差异，应建立差异化的管理机制和发展策略。从绿色发展出发，应注重网约车服务模式的绿色效应，对不同服务模式实行分类监管。由于网约车的出行方式占比与出行费用存在相关的传导关系，科学合理制定网约车价格机制十分重要。根据不同的网约车服务模式进行差别化的定价机制，合理规制双向补贴等价格竞争手段。与此同时，通过从法律层面制定相关条规，明确平台和网约车司机双方在网约车模式中的权利和责任，建立纠纷解决机制，避免后患。采用这些方式来避免资本运作扭曲交通运输服务的供求关系和产生潜在的市场垄断及其衍生的各类风险。

要重视发挥网约车各服务模式的绿色效应的作用。网约车中的快车服务模式占市场份额较大，其车辆类型主要为基数较大的中低端车辆。专车车辆的排量及能耗都高于出租车与快车，出行费用也较高，基本不存在绿色效应。而拼车和顺风车通过座位分享使得一次运输能满足多人出行的需求，极具绿色效应。顺风车模式尤为突出，它是基于车主原本必须出行的基础上再带上有需求的乘客，减少了城市道路资源的占用量和整体交通的出行量。综上，网约车不同服务模式的绿色效应，将其从大到小进行排序则为顺风车、拼车、快车、网络出租车和专车。根据以上排序，政府主管部门应当对具有绿色效应的顺风车和拼车等服务模式提倡优先发展，同时也要对专车和快车等不具有绿色效应甚至是负面效应的服务模式进行相应的疏导和监管。

首先，要大力提倡拼车模式，遵照低价和高效的原则实现可持续发展。在价格设定方面，要改变一口价的定价规则，改用动态定价的规则，即在出行路程中根据拼车单数的增加而逐次减少费用，最终在下车支付时，形成最终价格。在成本控制方面，可以适当降低网约车平台提成比例，来提高拼车司机的心理获得感。同时通过设置司机拼车里程奖，来提高司机提供拼车服务的意愿。此外，可以通过设置等候时间限制来减少乘客相应的费用，以补偿拼车乘客的时间成本。通过增加必要路线范围内的多节点拼车，来提高拼车效率。通过相关政策实施，鼓励平台用车高峰时期优先向司机派发拼车订单，并降低派发快车、专车等订单的优先级，来提高拼车的成功率。通过提前向司机派发进入高峰区域的拼车单来增加热门地区高峰时段的拼车数量。

其次，要因势利导发展顺风车模式。由于多起恶性事件，滴滴已于2018年8月下架了顺风车业务。要在划分车主乘客权责的基础上，确保乘客的安全，重获消费者对顺风车模式的信心。

最后，要市场化经营快车和专车模式。应当综合评估快车和专车模式的成本和便捷性等因素，针对不同时间段、道路情况、交通地段等，设置大众能接受的价格指导区间，随时掌握出行市场的供求关系变化，及时对价格进行动态调整。

协调公共交通和网约车的关系。公共交通出行大量转移到网约车。快车、拼车、顺风车是对公共交通的补充。传统公共交通和出租车的供给不能完全满足居民的出行需求。传统服务模式难以实现交通结构的优化，也不适合个性化的出行需求。因此，协调公共交通和网约车的关系很有必要。

随着我国城市规模的扩大，公共交通供给缺口及难以覆盖所有路线站点的问题越发凸显。出租车虽能够实现站点之间的有效对接，但其数量与城市人口规模亦不匹配。网约车的出现缓和了公共交通及出租车供给不足和人们个性化出行需求的矛盾。但是，城市道路的容量是有限的，乘用车不能无限制地发展。公共交通存在明显的绿色效应，仍是绿色环保出行的最佳方式。而网约车的集约化效应不高。主管部门要科学协调公共交通和网约车的关系。在倡导优先发展公共交通的同时，将网约车作为公共交通的补充列入发展规划。

发展公共交通的重点应当立足在以需求多样化为导向，引导居民出行，调整出行结构。这就必须提升政府主管部门在客运服务产品设计和规范管理方面的工作力度。各城市应从当地公共交通的实际和特征出发，对公共交通相关资源进行统筹考虑，对城市道路容量、公交数量、出租车数量、城市机动车数量等方面进行相应的控制。完善城市公交路线及站点设置，提升公交线路规划效率，为鼓励人们选择公共交通出行创造条件并提供优惠。通过改善城市公交线路布局和优化公交车站点设置提高公交运行效率。通过增加地铁路线站点覆盖和减少地铁班次间隔时间等增加地铁使用效率。

建设智慧交通，保障交通秩序。城市交通秩序没有受网约车的影响而恶化。但是，保障城市交通秩序是城市交通可持续化发展的基本目标。发展智慧交通被视为未来交通发展的重要举措。目前网约车已凭借对大数据、云平台技术、移动互联网、移动智能终端、移动语音监控、卫星定位系统等新型技术的运用，迅速抢占了出租车行业的部分市场份额。与此同时，为了更好地实现点对点的网络约车服务，平台还开展了包括定位、网上支付、乘客评分等多项服务。在大数据时代，二次利用海量冗余数据可以缓解道路拥堵，提升出行效率。

2018智慧交通峰会上，滴滴出行CEO程维描绘了滴滴对交通业的创新。未来10年，滴滴致力于助力交通运输、大数据、科技和智慧交通的发展，努力让中国成为公认的交通强国。滴滴将优化基础设施，包括红绿灯、道路资源的分配。目前，滴滴已优化了全国1200万个红绿灯。在优化过的区域，拥堵时间平均降低了20%。滴滴报告称私家车平均每天有超过20个小时的闲置时间。闲置的私家车不仅没有为车主们带来价值，而且车主还需要支付额外的停车费。

智慧交通大脑的诞生就是实现高效率的出行。基于大数据预测出呼叫车辆的高峰区域和高峰时段。智慧交通大脑迅速进行分析把控，自动提前将足够数量的车辆调度到相应的交通位置。在城市交通运行时，智慧交通大脑接到订单后会快速规划出一条最优路径，并在路径上接收相同目的地的乘客。一旦规划路径上发生变化，系统会迅速计算并重新规划出一条新路线，以避免交通拥堵路段，保证出行效率。智慧交通大脑不仅提高了出行效率，还减少了车辆的需求数量。

综上，政府交管部门应牵头组织协调，实现网约车相关各方主体的联动，协调各方利益，构建一个完善的智慧交通大脑。同时，也应当降低信息获取难度，适度扩大现有出行数据的开放范围，各方主体联合一同构建城市交通出行基础数据库，为居民出行提供高品质、多层次、差异化的综合交通信息服务，保障城市交通高效运行并达到秩序井然。

推动居民参与城市交通治理。网约车作为当前流行的大众出行方式，在城市客运交通中具有重要作用，也直接关系着广大公众的切身利益。网约车是市场运营主体，涉及交管部门、司机、乘客和运营平台相关主体各方面的价值取向。城市居民作为城市交通的使用者，对于城市交通的体验感是对城市交通最直观的反映。因此，必须推动居民参与城市交通治理。建立一个由交管部门、运营平台、司机和乘客四方共同参与的协同管理体系，能够直接、高效地提高城市交通的运营水平，促进城市交通的可持续化发展。

首先，应当建立健全与网约车市场准入相关的市民参与决策机制。对居民而言，民主参与决策能增强对公共服务的责任感，推动网约车人性化发展。从交通可持续发展的角度，民主参与决策能体现居民切实利益，有利于寻找到网约车提供出行需求与城市客运交通结构优化的契合点。民主参与决策既能促使居民理解相关决策，同时又能提高居民执行决策的自觉性，最终推动决策的实施。关于推动市民参与决策的实施，应当拓宽渠道，通过组织法律、经济、社会学专家开展专题研究，召开听证会，通过网上调查、问卷调查等方式进行民意调查，广泛地收集社会公众的意见，以确保决策能够充分反映出广大市民的利益诉求。

其次，应当建立健全网约车监管的社会评价制度。支持多方主体参与网约车信用评价，建立一个及时发布司机评价、平台评价、相关部门的事故率和投诉率等评价内容的平台以进行评价信息交互。同时，应当建立透明的投诉反馈机制。乘客进行意见反馈，反馈平台在反馈处理期限明确规定的时限内，对相关事件的处理意见结果进行公示，其他相关情况经过证实后也应及时反馈给大众。通过以上方式最终实现网约车运营监管的约束机制。

最后，应当建立征集网约车优化服务建议的制度。主管部门牵头，拓宽多个社会渠道以鼓励社会各方提出建设性的意见，并根据社会各方对网约车提升服务水平、创新服务模式提出的建议，邀请相关专家学者进行可行性论证会，对好的建议及时进行讨论、试点、反馈调整并推广。

第三节　绿色出行下城市交通的优化

随着经济的飞速发展和科技水平的不断进步，我国城市化发展取得了重大成绩，伴随而来的环境污染也越来越受到关注。由于机动车排放出来的汽车尾气等给城市环境带来了严重的污染问题。要正确引导城市居民逐渐形成绿色出行理念已经成为当前城市交通必须有效解决的重大课题。本节通过对绿色出行理念和对我国绿色出行现状进行分析，对城市交通发展策略进行了研究，提出了更加适应绿色交通的措施和建议。

提高人们的绿色出行理念可以加快建设绿色交通运输体系，对于解决交通拥堵问题、降低城市交通环境污染和改善空气质量产生了重大影响。通过居民的绿色出行行为，可以更好地实现城市化发展和交通协调发展。绿色出行理念以可持续发展为原则，在道路交通设计方面，优先设置行人和非机动车道。绿色出行理念对于保护环境和建设生态绿色交通系统产生重大作用。在我国城市交通中存在着交通拥堵、空气污染等现象。由于城市公共交通发展水平较低，对于慢行交通系统的设施还不够完善，严重影响群众的出行和生活质量的提高。所以，绿色交通规划理念下的城市交通设计研究尤为重要。

一、绿色出行理念

在新时期的社会经济建设中，提倡节约能源、降低碳排放的绿色出行方式，是建设绿色生态城市的重要环节，对于生态文明建设具有推动作用。相比于传统出行方式，由于居民的生活水平有了很大的提高，居民的私家车保有量迅速增长。这一现象导致了城市交通的巨大压力，造成了石油资源的紧张，同时给生态环境带来了严重的破坏。

绿色出行是指居民的出行方式更加节约资源，可以提高能效、减少环境污染、有助于居民的身体健康。例如，乘坐公共汽车、地铁，以及步行、骑自行车等都属于绿色出行方式。绿色出行方式的选择，可以降低出行中的能源消耗和环境污染。社会通过多种宣传方式来对群众进行绿色出行理念的引导，提高群众对环境保护的认识，让居民更加积极主动地选择绿色出行方式。

对于机动车采取工作日限号行驶，以及在空气污染时期采取单双号限行等政策。并且提出"绿色交通、低碳出行、健康生活"等引导用语，来倡导群众选择绿色出行。

绿色出行行为不仅包括绿色出行方式，还包括绿色出行习惯、绿色车型选择与绿色驾驶习惯等。对于公共交通的选择，自行车或步行等方式属于绿色出行方式。出行时尽量选择合乘方式，以及减少不必要的出行是绿色出行习惯。在购车时，尽量选择混合动力等低排放低能耗的车型。总而言之，绿色出行是采用对环境影响最小的出行方式。

二、绿色出行的现状

（一）发展概况

在群众出行时，尽量选择乘坐公共汽车、地铁等公共交通工具，优先选择合作乘车，或者步行、骑自行车等方式。从而减少居民私家车的使用，降低在生活中对于能源的消耗和污染。我国普遍城市居民还不能享受到高水平的公共交通服务，城市公共交通的服务能力还存在不足之处，但目前人们对于公共交通的服务质量还算比较满意。政府逐步增加对公共交通的补贴，对于建设民生工程和社会公益事业加大投入力度。在制订绿色出行交通规划、研发新型能源汽车等方面，做到节能减排以降低能源的消耗。随着城市规模的不断扩大，居民增加了出行的距离，在出行过程中对于自行车等慢行交通出行方式的实施增加了难度。以坚持建设资源节约型和环境友好型社会的政策为指导，各级部门在绿色出行推广活动中，也起到了积极宣传和引导的作用。

（二）存在的问题

由于城镇化的飞速发展，在短时期内的城市人口的迅速增长，以及城市面积的扩大，使人们出行不能单纯依靠传统的出行方式，增加了人们对机动化水平的需求。城市普遍存在生活区与商业区距离较远等现象，致使居民需要选择更加便利的出行方式。机动车数量的飞速增长，带来了严重的交通拥堵与环境污染问题，还给城市道路系统带来了巨大的压力。城市中空气污染的原因之一来自汽车尾气排放。近年来，我国多个地区出现了严重的雾霾天气等恶劣气候环境问题，影响了人们的正常生活，不利于居民的身体健康。对于公共交通服务水平无法满足城市居民基本出行等问题，需要提出解决措施。在我国很多的城市地区，慢行交通基础设施存在严重不足的现象，自行车道还不够完善，影响人们选择自行车等慢行交通出行方式。由于对自行车道的监管机制不够完善，不能有效地保护行人和自行车出行者的权益。此外，还存在对于绿色出行文化的宣传不够充足，群众的参与性不高的问题。对绿色出行文化宣传不够，人们的绿色出行理念，还没有得到普及。在群众的思想意识上，还存在对小汽车的攀比思想。对于公民环保意识的激发，绿色出行文化的普及还存在不足。

三、促进城市绿色出行的目标与策略

（一）城市交通绿色出行的目标设定

要通过加强和改善公共交通服务，来实现全面建成小康社会的目标。要做到保障群众的出行基本需求，提高公共交通出行服务质量。随着城镇化的发展，人们对于机动化的需求增加，必须提供更加便利的公共出行方式。让人们在生活中，可以更加舒适地享受出行服务。建设出更适合人们居住的社会环境，协调发展的绿色生态城市，使环境处于人与自然和谐共存的状态。

（二）综合措施促进城市交通绿色出行

促进城市绿色出行，需要加大对绿色出行设施的供给，对交通需求进行强化型管理。根据我国国情，制订出具有特色的城市交通规划，结合城市规模与城市交通发展特点，建设绿色生态交通城市。加强对空气质量的监管，倡导绿色出行理念。建立完善更加安全可靠、更加优质服务的城市公共交通系统，更好地满足人们交通生活的需求。改善公共交通服务能力，提升智能化管理水平和服务质量，使公共交通出行中的问题得到明显缓解。建立完善慢行交通基础设施，保障步行及自行车等慢行交通的出行环境，满足民众多样化的出行需求，促使民众在出行方式的选择上，更倾向于绿色出行。加强对于交通工具使用者的监管，对于产生环境污染的交通工具支付相应费用，使私家车出行需要承担更高的成本。使用行政技术手段，对于群众的交通方式、出行的地点路线和时间等因素带来影响。改善城市公众出行的信息服务，整合多种交通运输方式的信息资源，进一步提高对社会提供更完善的信息查询服务。提高社会对于绿色出行的认识，积极宣传绿色出行理念，加强群众对于绿色出行方式的参与度，营造出健康的生态城市环境。根据不同地域的差异性，制定出符合各地区不同情况的绿色出行方式，有利于提高社会的经济发展水平和城市交通系统的运行，对于保护环境有巨大的作用。

绿色出行理念对于城市交通的优化影响深远，从提高人们的生活品质出发，以慢行引导健康的生活方式，来促进生态城市的健康发展。通过新型交通模式的构建，可以为居民提供更多的开放空间，有效地引领居民采用低碳节能的出行方式，构建绿色城市。

第四节 城市交通环境的功能分析

交通环境问题已成为当代中国严重的社会性问题，城市交通环境治理是城市治理的题中之意。城市交通环境作为市民社会生活的重要场所，体现出强烈的城市性和城市活力。本节基于城市交通环境的社会功能及交通对城市环境的影响分析，指出创建一个健康的城市交通环境必须将之纳入永续发展的范畴，并提出了可操作性治理路径。

城市交通是一系列复杂社会现象的空间集合。满足居民通勤需求、休憩需求和提升生活品质需求是城市交通发展的核心动力，而城市交通系统的建设或治理同时也是影响城市功能发挥与改善城市居民生活品质的关键内容。具体与环境关系而言，城市交通不仅是一种重要的社会服务，其本身也是城市环境的重要组成；另一方面，城市交通又对城市的总体形象，特别是城市环境有着重要影响。在过去几十年，特别是进入 21 世纪以来，城市环境随着经济的发展、交通的进步暴露出许多问题，某种程度上交通环境问题已成为当代中国严重的社会性问题，并越来越引起公众的关注，因而城市交通环境治理成为城市治理的题中之意。但城市交通环境的治理或建设不应停留在解决交通一般功能的低水平状态，而应从为创造城市高素质生活环境的高度纳入永续发展的范畴。本节尝试对此做出自己的分析。

一、城市交通环境的社会功能

交通环境有广义和狭义之分。广义的交通环境包括交通规划设计时考虑的原生自然环境、交通建设施工时的施工环境、交通建成后的运营环境等。狭义的交通环境主要是指交通建成后的运营环境。通常认为，城市交通环境的构成包括步行道、车行道、绿化带、道路附属设施及交通型集散广场等物质要素。不过，这种定义仅仅考虑了承载交通功能的空间领域与物质载体，明显忽视了活动于其中的各类群体与个体的存在，因而既不全面也不完整。城市建成环境的意义是由它的使用者——市民所建构的，交通环境的内涵必须包含人们日常出行的心理与行为模式，尤其应关注普通市民对交通环境的感受与认知。因此，交通环境不仅应包括道路和道路上的附属交通设施等工程物的一面，还应包括有人文和社会性交通环境非物的一面。由人、车、路、交通环境构成的交通系统，虽然人、车、路是系统的核心要素，但交通环境的作用不可忽略，某种程度上，人、车、路也是交通环境的重要组成。人、车、路三要素只有与交通环境相协调，才能使构成交通系统的各要素相互协调，相得益彰，充分发挥交通系统各部分的作用，达到系统整体最优，并且在一定程度上，这种以人为主体性的对交通环境内涵的探索，有利于我们摆脱将城市道路视为纯粹交通性工程实体的局限。

交通环境除了是提供人们日常生活、工作、休闲等社会出行的空间载体，同时作为大量异质人群聚集和会面的场所，还直接或间接诱发了大量社会互动的产生。从美国社会学家路易斯·沃斯所描述的人口数量、密度、群体的异质性这三个衡量城市特性的指标来看，交通环境无疑具有显著的城市性(urbanism)，因而对交通环境的功能分析应拓展到社会学领域，对其社会功能与社会意义进行探讨。可以说，城市交通环境作为市民社会生活潜在事件发生的重要场所之一，构成了现代都市人的生存环境和生活空间，呈现出强烈的城市性和城市活力，具体则体现如下几方面的社会功能。

（一）城市社会活动的组织纽带

城市居民多元化的出行动机与复杂的交通行为方式源于城市高度发达与分化的各类社会活动（商务、居住、教育、医疗、购物休闲等）的不同区域分布。信息化与交通技术的提升则进一步加剧了这些社会活动的离散化特征（空间分离是其具体表征），而道路交通环境系统不应被动地适应这些离散化的社会活动，相反，它作为一种联系纽带，客观上担负了有效组织城市社会活动的职责。美国城市学家凯文·林奇指出："道路是观察者习惯、偶然或是潜在的移动通道，它可能是机动车道、步行道、长途干线、隧道或是铁路线，对许多人来说，它是意象中的主导元素。人们正是在道路上移动的同时观察着城市，其他的环境元素也是沿着道路展开布局，因此与之密切相关的。"根据林奇的定义，我们可以看到，在城市规划者的眼里，道路在城市整体环境中具有最基础、最重要的地位。首先，是城市布局得以展开的主要线索；其次，承载了交通，乘载着人的运动。正是在这个环境中，运动中的人在有意无意地、不断地进行着对城市的观察和体验。

如果说城市学家的评价过于专业而略显单调，那么，社会学家从社会治安、阶层关系、人的生存条件和精神环境等多种角度出发，也在关注和思考着街道的功能、建设和发展。当我们被问到"人与街道的关系"这样的问题时，也许头脑中的第一个反应就是——通行。无论是步行还是乘车，街道对于我们来说，似乎只是一段距离、一个过程，其作用就在于将我们引向目的地。而实际上我们却忽略了：当我们穿行在街道之中的时候，也在以某种细微、隐秘而确实存在的方式，与认识的或不认识的人们接触着、交流着。

（二）城市市民日常生活的载体

城市交通环境是最具活力的城市环境之一，是城市景观的重要组成部分。人们终日行走在城市内部四通八达而又风景各异的大小街道上。这些道路不仅是人们所倚赖的交通线，同时也是都市生活的载体，为人们提供了主要的交往、休闲和消费场所。从这个意义上来说，道路实实在在地存在于每一个都市人的生活中。但是，当日常生活中的街道被人们有意识地加以观察、感受和描述，甚至被作为城市的风格标志和审美对象加以解读和体验的时候，街道就不再是原来那个实在的生活中的街道本身，而形成某种都市文化景观。某种程度上，它不仅是人们借以感知城市意象的重要元素和渠道，具有组织城市整体景观与局部景观的作用，具有认知功能；它更是市民重要的社会生活场所，具有延续社会文化的功能。如果缺乏必要的出行能力，再加上"不友好"的道路交通环境，可能会导致某些社会人群，尤其是社会经济条件较差的弱势群体获取工作的机会和享用公共服务设施的困难。为了增加机动车容量的任何城市道路扩建，都可能导致步行道与自行车道空间的压缩或挤占，进而使得步行环境单调乏味甚至恶化，从而影响人们日常生活中对出行方式的选择，改变人们就业、居住、购物、休闲等日常的生活规律。道路交通环境质量的优劣将直接影响人们的城市生活品质。愉悦、舒适、安全的交通环境是广大市民所渴求的，也是衡量一个城市可居性 (livability) 的重要指标。

（三）城市可持续、健康、良性运行与发展的保障

雅各布斯指出："在城市里，除了承载交通外，街道还有许多别的用途。……这些用途是与交通循环紧密相关的，但是并不能互相替代，就其本质来说，这些用途和交通循环系统一样，是城市正常运转机制的基本要素。……街道及其人行道，城市中的主要公共区域，是一个城市的最重要的器官。"交通环境的改善不仅关系到不同社会阶层的可达性权利问题，更关系到整个城市社会安全系统正常而有效地运行。一个愉悦的出行过程作为美的城市体验，有助于增强市民对于城市的归属感与自豪感，有助于强化市民心理上对所居住城市的认同性。再者，良好的交通环境作为重要的城市公共空间，可促进异质人群潜在的社会交往，有利于缓解社会分化，促进社会融合与社会的可持续发展。在一个友善的城市交通环境里，"每一双眼睛后面的脑袋里应该有一种潜在的关注街道的意识"，乃至于"在长时间的过程里，人行道上会发生众多微不足道的公共接触，正是这些微小行为构成了城市街道上的信任。很显然，大多数事情都完全是小事一桩，但是小事情集在一起不再是小事——其总和是人们对公共身份的一种感觉，是公共尊重和信任的一张网络，是在个人或街区需要时能做出贡献的一种资源。缺少这样的一种信任对城市的街道来说是个灾难"。

总之，无论是作为城市运行与交通的生命线，还是作为城市居民交往的公共空间，抑或是作为现代都市人消费休闲的活动场所，交通环境都承担着实际的社会功能，实实在在地在我们的日常生活中存在着，并对我们的生活发挥着巨大作用。

二、交通系统对城市环境的影响

环境作为一种资源，其不可替代性及一定限度的不可更新性使得它与飞速增长的需求形成冲突，造成经济性与物质性双重稀缺。这种稀缺对社会发展的各方面都会产生重要影响。城市交通环境作为城市环境的重要组成部分，随着经济的发展出现许多问题，这些问题反过来又制约着经济、社会的进一步发展。世界上许多城市的发展经验表明，迅速发展的城市，其交通系统造成的污染往往也是世界上最严重的。许多发达国家道路交通的社会耗费可以占到国民生产总值的 5%，这项费用主要用于道路网络上机动车造成的空气及噪声污染和交通事故的治理。从历史的观点看，城市交通的发展是一个动态的过程，它对环境的影响不仅波及当代人的生存和生活，而且影响远及数代。为此，其对环境的影响不应

只考虑自然环境要素的变化，而更应把社会、文化、生态、市民等作为统一范畴。

（一）城市交通对自然环境的影响

城市交通对自然环境的影响，包括汽车尾气污染和交通噪声、振动等。目前城市交通系统已成为一个主要的空气污染源；在有些城市中，机动车排污量甚至已占整个污染源的90%，交通噪声与交通振动已成为污染居民生活环境和学校、机关、医院等敏感设施的突出因素。汽车尾气排放的污染物如一氧化碳、氢氧化物、碳氢化合物及含铅颗粒物等，在一定程度上对人及动植物产生不良影响。由于小汽车具有分散和流动的特点，它造成的污染远比工业污染更难以治理，因而成为世界上最难以解决的一个顽症。

城市交通除了带来大气污染外，噪声和振动也是城市交通中不可忽视的污染问题。机动车引起的噪声和振动主要有以下原因：机动车动力系统引起的噪声和振动、机动车的车厢和货物及配件在行驶中的碰撞和摩擦、轮胎与路面接触噪声、机动车的喇叭声。由于汽车噪声源中没有一个是完全密封的，有的仅是部分密封，因此每个车体都是一个不可忽视的噪声源。随着汽车数量的迅速增加，噪声的总能量已达到危害环境的地步，并且成为一种普遍性的污染。各种调查和测量结果表明，城市交通噪声是目前城市环境噪声最主要的噪声源。

交通噪声可以从多方面影响人类的健康状况。这种影响可根据其使人感到难受的程度分成三级：（1）精神上的影响：噪声令人焦虑、易怒、精神紊乱；（2）功能上的影响：噪声在60分贝以上时，即会干扰人的正常活动，影响人们的谈话、学习、睡眠等，使工作和学习效率下降；（3）生理上的影响：人若暴露在75分贝以上的环境中，至少暂时听觉疲劳和紊乱，若处在85分贝的噪声环境中5年以上，则有耳聋的危险。

（二）城市交通对生态环境的影响

城市交通对生态环境的影响包括土地、绿化和水质等。其中道路建设对生态造成的影响主要通过两条途径：一是施工活动对自然环境造成的非污染性破坏，使环境发生物理变化而对生物产生影响；二是由于排放的污染物通过大气、水体、土壤等环境介质，进入生物体产生危害。由于植物和动物在复杂的生态系统中互相影响，交通设施的建设会破坏这些生态系统中各成员之间所建立起来的平衡。因此，必须直接（如通过破坏植被）或间接地（如通过污染水资源）考虑到这些重要生物体的减少以及对它们所造成的伤害。

道路铺筑是重新塑造地球表层的巨大工程。这种重塑过程以及由此形成的绵延无尽的道路，造成的生态与环境代价极其巨大，丝毫不逊于车辆的尾气和噪声造成的危害。道路的最大危害在于它大量地蚕食人类宝贵而有限的耕地。在自然界，有肥力的土壤的形成，往往要经过几万年甚至百万年的漫长时间，而一条道路却可以在短短几年甚至几个月内建成，也就是说，人类目前毁坏耕地的能力高于自然界生成能力的无数倍。更令人焦虑的是，地表的铺筑过程，是将有机世界变为无机世界的不可逆过程，即便将来道路被废弃，也不再可能变回耕地了，至少在人类目前的技术条件下是如此。

在城市生态系统中，道路交通对城市绿地的影响越来越大，具体表现为：一是影响城市绿化的整体水平；二是影响城市绿化的布局。由于道路正在占据越来越多的空间，人们的活动场所和绿地因之迅速减少。在美国，道路、停车场和其他用于轿车的空间占据了城市空间的一半甚至更多。汽车城市洛杉矶，交通所占空间甚至达到70%（其中27%是机动车道路，11%是人行道，32%是停车场）。相比之下，公园和绿地的面积却少得多。加州的另一个城市伯克利，每个市民平均只有2.8平方米的公园，而每辆轿车却占有96平方米的道路。

道路是个强大的入侵者。它打破了自然界的和谐与宁静，使已经受到干扰的生态系统变得更加脆弱，使有生命的动物和植物变得虚弱以至最终消亡，使适应快的物种成为入侵者，滋生出异种和有害的杂草。让道路两旁的动物处于危险境地：它们由于栖息地被破坏而更易遭到虐杀。

（三）城市交通对社会、文化环境的影响

城市交通对社会环境的影响包括社区传统、社会公平、地区发展、中心区活力等。交通不仅是一个地区经济和土地使用系统中的主要组成部分，而且是影响公众生活质量的一个决定性因素。城市里的人们之所以能够互相影响、进行文化和娱乐消遣以及使用由城市活动聚集所提供的大量的公共和私人设施，主要利益在于他们是生活在"社区"中。然而，交通工程的建设与运行会引起社区分割、社区传统的改变及生活氛围与质量的变化等，从而造成空间分隔，使周围居民的生活、文化、教育及经济上的联系受到阻隔，乃至造成邻里模式的破坏，"社区"凝聚力减弱或消失。

在一些发达国家，由于城市规划是为车而非为人设计的，这就对人类健康产生一系列严重后果，直接影响是由于空气污染导致的疾病蔓延，以及由于交通事故导致的伤亡增多；间接方面汽车对城市模式和社区的影响同样不容忽视。汽车在增加了人们之间距离感的同时，也增大了人们的精神压力；此外还对社会凝聚力及人们对社会的感受具有破坏作用。

除了对人们健康的这些直接影响以外，汽车还通过构建城市模式与人们的生活方式，引发了一系列更为隐秘的致病影响，特别是对已建成的环境中人们社会感的影响。在每个工作日上下班的时候，人们坐在车里对着拥堵的交通所产生的那种挫折感，容易引起一些与精神紧张有关的疾病。如此，汽车从社会凝聚力角度对城市结构的瓦解破坏，也使整个社会的健康因此受到了影响。

城市交通对文化的影响包括历史遗迹、人文景观等。每个城市都有其自身的特点与定位，特别对于一些历史文化名城与古都，怎样结合交通建设与历史遗迹、自然景观的保护与利用，既促进交通设施的建设又不妨碍历史遗迹、自然景观的特色与总体风貌，很值得城市规划者与建设者去关注。令人遗憾的是，中国城市空间正被道路用地大规模地蚕食，富有历史和文化价值的旧街区、旧建筑甚至属于国家重点保护文物的历史建筑正在遭受道路建设暴力的破坏。在许多城市，修建道路的推土机可以在一夜间将前辈留下的文化遗产

铲成平地。很多有特色的城市街道和建筑因修建道路而毁于一旦。宽阔的大路是否真能补偿其摧毁的自然景观和文化遗存？这一问题该引起我们审慎的考虑。

三、城市交通环境的治理提升路径

城市发展至今，人们从来没有放弃对美好生活环境的追求。一个舒适、愉悦和安全的交通出行环境，应该让人不受交通困扰，自由自在往来；应该改善交通场所的质量，让每一个人掌握交通的主动权。近年我国城市交通事业迅猛发展，人们的出行条件得到极大改善。然而，问题还是显而易见。我们所关心的不应仅仅是发展速度，而应是整个交通空间的环境质量。如何创建一个健康的、人本化的绿色交通环境还有许多工作要去做。

（一）通过环境的法律治理，完善城市交通软环境建设

所谓交通软环境，主要包括城市交通主体的安全意识、道德意识和对交通规则的遵守等，这些不仅对于维护弱势群体的利益，而且对交通环境的保护与法律治理至关重要。

一个严重不合理的规则会对本就居于弱势的群体的利益形成更大的伤害。除了行人自己要加强安全意识，注意自我保护之外，强制性地限制机动车的措施同样必要，毕竟机动车相比于行人具有绝对的优势，本着平等的原则，有必要对行人这一弱势群体加以特殊的保护。社会学的深层理念就是促进社会进步，创造健康的社会，关注弱势群体并积极维护他们的利益正是其中应有之义。一个健康的社会不应该有歧视弱者的现象，同样，要创建一个健康完善的城市交通体系，很重要的一点就是要积极维护交通弱势群体的利益，不仅要让他们能够平等参与到城市交通中来，而且要依靠他们逐步消除城市交通系统中不平等的现象，以创造出一个美好、和谐、理想的城市社会。

从社会公平与社会正义角度来看，政策制定者与城市规划工作者有义务改善道路交通环境条件，有意识优先照顾弱势群体的出行模式（如限制车速、设置路障、减少机动车道），增加他们对易达性的获取可能。中国当前无车的弱势群体还是多数，他们的基本生存与发展权利理应受到保障，易达性缺失意味着接近各种机会的缺乏。美国著名伦理学者约翰·罗尔斯认为，正义就意味着制度要遵循这样的原则：使所有社会成员面临的机会都是公正平等的，需要采取措施使天生不利者与有利者一样可以同等地利用各种机会，在分配社会合作产生的利益方面始终从最少受惠者的立场来考虑问题。据此，城市交通环境应被视为全社会拥有的公共资源（属于社会合作产生的公共利益范畴），理应对处于劣势的非驾车群体以某种合理的补偿。城市交通政策应偏袒弱势群体，赋予他们更多的易达性权利而不是刚好相反（如中国当前以小汽车交通为导向的道路交通环境规划建设）。

不仅如此，在交通环境的治理中，还要充分地考虑人与自然环境之间的各种权利与义务，以及人与人之间的权利与义务关系。就人与自然环境的关系而言，人在改造自然的同时，必须承担对自然环境进行保护的责任，人有责任有义务尊重自然和其他物种存在的权利，因为人与其他物种都是宇宙生物链中不可缺少的有机组成部分，享用自然并非人类的

特权，而是一切物种共有的权利。要使人和自然共同迈向未来，人类要在维护生态平衡的基础上合理地开发自然，把人类的生产方式和生活方式规范在生态系统所能承受的范围内，倡导在热爱自然、尊重自然、保护自然和维护生态平衡的基础上，积极能动地改造和利用自然。

（二）通过城市的空间创造，形塑交通环境"新生态"

首先要创造一个适宜于"步行友好"的城市道路空间。随着可持续理论的影响，人们对于机动化潮流中弱势地位的步行交通关注越来越多，也逐渐认识到，通过步行区空间隔离或保护手段来满足步行交通的方法已不能满足现实的需要，而且在现实中也无法将步行交通与机动交通在空间上完全隔离开来，城市交通环境整体上对于行人越来越不利，步行交通的空间不断被蚕食，行人过街的距离越来越长，最终可能导致步行街区成为城市中机动交通大潮中的孤岛。要整合所有的交通空间，使每一个交通空间或多或少地考虑步行交通的需求，在最大程度上减少机动交通对步行交通的威胁和干扰。

应当充分认识到，城市道路不仅是交通空间，更重要的还是城市公共交往空间的主要部分。人们每天的公共活动实际上都是在城市道路空间进行，人们可以利用公园、广场、集中绿地进行休憩，同样可以利用良好的道路设施进行休憩；充满活力、独具特色的街道景观是城市特色的重要反映，理当成为流动的风景线。理性的城市规划应当承认并正视、利用人车共存的道路空间，而不是将两者隔离开来，所要做的仅仅是尽量创造舒适、安全的步行环境，并使机动交通便捷地为步行活动服务，这就是"步行友好"的城市道路空间的本质含义。

其次是创造公共交通友好的道路空间。街道空间（Street Space）作为公共空间的重要组成部分，除了提供交通通行空间以外，在提升街区活力、促进人际交往、创造更为适合人们居住的空间环境方面都具有重要作用。但是长久以来，由于机动交通的优势地位，街道空间理应具备的多重属性被人为地弱化了，除了尽量容纳更多的机动车辆外似乎并无他用，噪声、废气、汹涌的车流与急匆匆的人流构成了人们避之不及的恶劣环境，本来可以进行的漫步、会友、逛街等活动难觅踪迹。均衡的道路空间应当为所有使用者着想。在重视公共交通的同时也不能忽视其他类型的交通，这一工作是一个渐进的过程，应当随着时间做适当的修正、调整，并不是一定要采取大规模的建设活动才能取得实质性的结果。

再次也是最关键的是要塑造环境景观的"新生态"。人性化的道路景观设计从道路景观要素来讲，应充分体现对生态各要素的关心和对城市生态系统平衡的追求。这种"新生态"融合了现代生态学生物演进的规律，虽然城市永远不断地在变化，为人们提供着各种各样实验和探索的机会和场地，但其变化应有一条健康的主线。应当把一个城市的文脉、历史、文化、建筑、邻里和社区的物质形态当作一个活的生命来对待，当作一种生命的形式、一种生命体系来对待，要根据它的"生命"史和生存状态来维护它、保持它、发展它和更新它，从而糅合到道路景观的设计中，丰富其建成的语境，创造流动的人性化绿色道路景观。

（三）真正落实"以人为本"，创造一个市民快乐生活的交通环境

西方发达国家在经历车祸频发、交通污染严重等苦头后，终于认识到"车本位"的危害性，开始注重交通安全与道路环境建设，将城市交通系统发展引向"人本位"的发展轨道。然而，在中国的许多城市，西方昨天曾经走过的弯路与我们今天正在进行的何以惊人相似。国际经验和发达国家交通战略的转向，是否可以给我们一些启示？自行车道才是尊重人类尊严和优美城市的标志，人行道也是如此。这两者才是城市服务于人的体现，而不是为了服务于高收入阶层的小汽车。

我们现在建设的城市大多是为了服务于汽车的机动化，而不是城市居民的幸福生活。创建适合人类生存环境的任务，不仅仅是简单地创造运营良好的城市，而更应该创造大多数市民能够快乐生活的环境。城市交通与社会发展中面临的其他问题不同，它随着经济的发展往往不是好转而是更加恶化，但它又与社会和经济有着深远的联系。因此，为了真正体现社会的公平、保持环境可持续性和经济增长，需要一种与过去以往我们所追求的模式截然不同的城市交通发展模式，即绿色交通模式。这种新城市交通模式的一个非常重要的部分就是需要提供充分的、高质量的行人公共空间，至少要保证行人空间和城市道路空间一样多。我们要成为行走的动物：行人。就像鱼儿要遨游，鸟儿要飞翔，鹿儿要奔跑，人需要行走，不是为了生存而是为了快乐。行人公共空间的重要性是无法测算的。加宽的人行道、步行街和更多更好的公园使人变快乐是无法用数学来求证的，也无法测量其程度。正如友谊、美丽、爱和忠诚等很多无法测量的东西。

在一篇关于巴西湿地苍鹭的报道中写道，小苍鹭在学飞过程中，有些会落到水里成为鳄鱼的食物。我们在同情小苍鹭的同时，也请顺便考虑一下城市中生活的孩子，他们正面临和小苍鹭一样的处境：当他们离家外出，就会冒着被汽车压死的风险，因而有许多孩子非常惧怕汽车。中国作为世界上人口最多的国家，拥有世界最大的少年儿童群体，按照国际标准，中国现有约3.6亿儿童，其中有约1.5亿生活在城市中。武汉市的调查发现，专门为儿童设计、符合其生理尺度和心理需求的活动空间缺乏，大量儿童不得不生活、游戏于高楼大厦的阴影中和车水马龙的城市道路周边，环境质量低下而安全难以保障。"我们不能让孩子们脱离自己的视线，因此只能开车送他们去运动场等其他地方，而不是让他们步行和骑自行车外出。把他们绑在汽车的后座，每日接送上下学、运动训练和钢琴课，男孩和女孩都像溺爱中的囚徒。"人们可能会认为发展中城市有那么多需要满足的需要，高质量的行人空间只能是无意义的想象。尽管高架桥梁和道路经常被用来象征城市的先进，但实际上只有高质量的步行道才是宜居城市的最基本要素。

从城市社会的角度来看，城市的先进性应当体现在学步中的孩子能到处安全地行走，而不是拥有多少宽广的道路。我们必须知道，想要什么样的城市，也就是想要怎样的城市生活。我们是要创造一个服务于老人、孩子、穷人和其他所有人的城市呢，还是服务于小汽车的城市呢？显然，这一重大问题与工程技术无关，它与城市生活方式有关。城市交通

问题更多的是政治层面议题而非工程技术问题。技术方面的问题相对来说比较简单，决策之困难在于确定谁将是新模式的受益人。我们敢于创造一种与当今所谓先进城市不同的交通模式吗？或者说敢于创造一个更多服务于穷人而非小汽车的交通模式吗？我们正努力寻找能使全市人民尽可能享受洁净和舒适生活，一种高效而经济的生活方式吗？抑或我们仅仅是为了减少高收入者的交通拥挤呢？

城市的经济和社会健康状况很大程度取决于交通系统的运行情况。社会学家郑杭生先生认为，社会系统的运行和发展可以分为良性运行、中性运行和恶性运行三种类型。城市交通作为城市社会大系统中的一个重要子系统，其运行有着内在的规律性，也存在良性运行、中性运行与恶性运行三种类型。如何评价城市交通及交通环境的质量或状态（类型），并不是去统计城市拥有多少交通设施、多少交通工具（如小汽车），或者说，去统计有多少宽马路与高架桥，而应该去观察人们的日常活动是否处于正常的生活状态。

一个具有良好场所意义的交通环境应考虑环境使用者——人的主体性和多重生理、心理需求。功能友好的交通环境会带给市民充分的愉悦感和美的城市体验。好的城市设计应当要为交通环境创造适宜的社会互动情境。适宜的交通环境支持多样化社会交往事件的发生，从而促进社会融合和社会资本积累。成功的关键是一个正确的价值观的普及和广为接受，绝不仅是拓宽道路、革新技术那么简单。城市交通环境治理之路依然任重而道远。

第五节　可持续发展的城市交通规划

城市交通研究与可持续发展理念的融合形成了特定的规划模式，随着对城市交通认知的进一步深入，城市交通规划模式与方法体系得到不断完善。可持续交通在安全、便捷、经济和高效等传统定义上明确了将多赢目标作为城市交通发展的重要组成部分，可持续交通能够满足经济、社会、环境等可持续发展的需求。本节对当前城市交通规划现状进行了分析，针对可持续发展背景下城市交通规划给出了合理化建议，并对城市交通规划发展趋势进行了具体研究。

交通是城市发展的基本功能之一，对城市的经济增长、规划拓展等都起到决定性作用。高效、便捷、快速的城市交通系统能够增强城市的综合竞争力，提高广大市民的整体生活质量。随着城市化建设进程的加快，行车难、停车难等问题已经成为阻碍城市交通发展的通病，影响城市的健康发展。城市交通规划的战略目标是构建安全、高效、和谐、环保的交通系统，满足经济、社会与环境的可持续发展需求。

一、城市交通规划现状分析

（一）注重基础设施建设，忽略交通发展规划

自改革开放以来，我国城市交通发生了翻天覆地的变化，无论是大城市还是中小型城市，在基础设施建设方面都取得了一定成就，为了进一步稳定社会经济的发展，我国开始加快基础设施建设，提出建成城市快速交通系统，进一步完善交通网络，过度集中建设导致城市中建筑工地数量增加，严重影响城市交通，大量的建筑粉尘也会影响居民的居住环境。另外，为了在短时间内完成基础设施建设，总体规划与工程进度方面都会显得不够成熟，从而对城市交通规划造成负面影响，而且由于对交通发展战略的规划重视程度不够，致使对城市交通发展的指导思想以及战略目标落实不到位。

（二）人口急剧增加造成城市交通拥堵

在社会经济稳定发展的背景下，城市的发展在逐渐向外扩展，发展中的城市要求具有良好的居住环境、舒适的工作场所、合理的产业布局等功能，随着城乡一体化建设，农村人口开始向城市涌入，城市人口的剧增导致了城市交通问题凸显，使交通越来越拥堵、生态日益恶化，严重影响城市生活质量。

（三）私家车影响城市交通

随着人们生活质量的提升，私家车的数量在迅速增长，虽然私家车时代改善了人们的交通出行方式，提高了人们的生活水平，但是由于私家车出行不受控制，造成城市交通严重拥挤，尤其在上下班高峰期，交通拥堵成为最棘手的社会难题，直接影响人们生活的幸福感。

（四）缺乏道路网络弹性规划

加强城市交通规划的最终目的是为了能够满足城市社会经济可持续发展，在进行城市交通规划时，政府部门很容易忽视城市交通可靠性发展原则，急功近利，仅针对眼前的交通拥堵状况进行规划，在这种规划建设中，规划方案的弹性较差，无法对未来的不确定因素进行预估，这种缺乏弹性的城市交通规划是不能够满足城市快速发展需求的。

二、交通可持续规划衡量标准

建立高效、经济、环保的城市交通系统，满足社会发展的需要，是建设可持续发展的城市交通系统的原则。可持续交通要确保经济上可行，将交通设施作为经济发展的支撑，合理分配社会资源，促进一体化市场的形成。可持续交通要确保社会能够接受，在进行城市交通规划的同时要保护人类的心理与生理健康，提高社区交通的便利性，要考虑到交通规划的社会效益，加强对弱势群体的关注。交通系统的规划一定会对自然资源有所依赖，因此，必须将规划过程中对土地资源、水资源和生态环境等方面的影响控制在最小。可持

续交通要确保财政可承受，对城市交通规划要与城市财政支付能力相协调，争取在有限的财政投入下获得最大收益。

三、可持续发展视角下城市交通规划途径

（一）构建全方位交通管理格局

为了城市社会经济可持续发展，要充分发挥城市交通管理的综合效能，构建全方位的交通管理格局，建立城市交通综合管理委员会，制订科学合理的城市交通规划方案，通过管理委员会来指导并协调交通、城管、环保和建设等相关部门工作，完善交通秩序管理，加强交通运输规划，对管理资源进一步整合，形成管理合力，保障交通顺畅。另外，要加强城市交通流向、流量的调查分析，通过有关部门对其具体研究，进一步提升城市交通管理的科学性与合理性。

（二）加强城市交通安全宣传

由于城市人口与私家车数量急剧增加，导致城市交通拥挤状况非常严重，所以要加强城市交通安全宣传，提高广大市民文明交通素质，构建交通安全与交通法规宣传长效机制。严格把控驾驶员培训机制，提升新驾驶员整体素质，提高社会公众参与城市交通的主体意识，树立起文明出行的道德意识。

（三）挖掘道路交通系统运用潜力

面对当前城市交通存在的诸多问题，需要制订并完善城市整体交通规划，合理利用土地结构，确保区域之间交通总量和交通分布均衡，最大限度地减少无效交通量。另外，要准确地掌握城市交通的需求变化，制定相应的车辆使用相关政策，挖掘道路交通系统运用潜力，通过便捷的服务来吸引大容量的公共交通方式，使车辆的拥有量与社会经济发展水平相适应。

（四）优化基础设施建设

为了使交通结构更加优化，需要对城市交通基础设施建设进行优化，改变原有的被动适应机动车发展需求的基础设施建设模式，建立以高效出行为目标的基础设施，大力发展公共交通系统，提高公共交通服务水平，控制静态交通设施数量。

四、城市交通规划趋势

在可持续发展背景下，城市交通战略规划会直接关系城市综合交通系统的总体规划，所以一定要以统筹兼顾的视角对城市交通规划进行定位，在特定价值取向下对交通结构、交通规模等进行预测，对基础设施的规模、交通政策的发展等进行合理安排，规划出多方面拓展的交通新模式。

（一）实施多维发展决策

随着机动化出行需求的不断增长，传统的城市交通规划模式显然无法引导城市向高效方向发展，由于道路基础设施等级的提升反而会激发私家车数量的扩张，导致交通拥堵、环境污染等现象日益严重。在可持续发展理念的引导下，城市交通规划决策体系必须由一维向多维目标转变，与可持续理念相匹配，科学合理地对交通进行整合，以长远的眼光来规划城市密集型发展，为制定可持续发展交通提供保障。

（二）明确城市交通规划核心发展要素

在对城市交通战略规划中，一定要明确核心发展要素，主要包括道路网、公交系统、巴士和轨道、土地利用以及需求管理政策，在可持续交通理念下需要对城市交通核心战略要素做出重要选择，进一步明确核心要素的决策基础。

（三）合理制定城市交通规划流程

在明确城市交通战略决策之后，需要合理制定城市交通规划流程，首先，要将战略要素应用到交通建设的各个过程中；其次，要对核心要素进行决策，设计出备选方案；最后，要通过宏观的交通模型与所设计的方案进行对比，明确交通战略方案并进行优化，突破传统定性描述式规划体系，有效提升决策的科学性。在评价指标中引入经济变量、环境变量以及财务变量，贯彻可持续发展衡量标准，确保决策结果的可行性。

城市交通拥堵问题给人们的出行带来了很大影响，交通拥堵已成为城市管理的主要难点之一，随着人们生活质量的提升，在出行时大多会选择出行效率高且交通资源占用高的交通方式，往往会给整个交通系统带来压力。在可持续发展理念背景下，城市交通规划要合理引导人们对交通方式进行选择，使交通方式适合交通资源配置。同时，可持续发展背景下城市交通规划要能够满足人们出行的基本需求，要在可持续发展视角下借鉴国际先进交通规划模式，不断创新发展理念，不断优化城市交通规划，确保我国城市交通战略能够符合以人为本的城市交通发展要求。

第六节　城市交通治理能力的盐城实践

盐城地处东部沿海，是国家"一带一路"的重要节点和长三角重要的区域性中心城市。盐城陆域面积 1.7 万平方千米、海域面积 1.9 万平方千米，户籍人口 830 万，是江苏省面积第一、人口第二的城市，经济总量在全国 338 个地级市中居 37 位。全市道路通车里程约 2.14 万千米，占全省通车里程数的 1/7，名列江苏省第一，境内 4 条高速公路总长 397 千米，4 条国道总长 677 千米，17 条省道总长 1217 千米，县乡及"村村通"公路总长近 1.72 万千米。机动车驾驶人 204 万人，其中汽车驾驶人达 171 万人，分别占总人口的 24.6%、20.6%。机动车保有量达 104 万辆，其中汽车达 80.7 万辆，平均每 8 个人拥有 1 辆机动车、

10 个人拥有 1 辆汽车。

盐城的交通区位优势越发明显，交通安全也迎来前所未有的挑战。近年来，盐城公安始终坚持以人民为中心的发展思想，坚持民意导向、问题导向、效果导向，践行善治交通理念，积极探索符合盐城实际的交通安全管理新路子。全市交通事故死亡人数连续 8 年下降，自高德地图发布城市拥堵排行榜以来，盐城是最不拥堵的城市之一，群众安全感、畅行感和满意度明显提升。

一、在空间布局上，推进城市、农村一体化

随着乡村振兴战略逐步推进，农村道路建设力度持续加大，交通条件日益完善，农村地区道路里程数占全市总里程数的 86%，农村公路交通事故数和死亡人数占比逐年上升，今年达 60% 左右。我们坚持问题导向，在空间上推进城乡交通治理一体化，让发展和安全惠及城乡。

交通安全设施均衡化。新一轮的农村公路提档升级三年行动计划，农村道路宽度普遍从 3.5 米扩至 6 米，农村交通的毛细血管被打通拓宽。但农村交通安全设施配套滞后，很多道路基本没有任何交通安全设施，呈"裸路"状态。亡人事故主要集中在无红绿灯等安全设施的道口、集镇道路连接国省道的路口、邻水路段。这些区域的事故死亡人数占农村地区事故死亡人数的 80% 左右。为解决农村地区交通安全设施薄弱的问题，盐城向省人代会专门提出《致力推进城乡交通治理一体化》议案，将城乡道路安全管理纳入法制轨道。实践中，在农村"村村通"公路改造时，督促建设部门落实"建设、管理、养护和运营"四级管理体系，对临水、国省道搭接路口等事故高发地段，安装安全防护设施，缩小中隔开口距离，将"T"型路口改造成"Y"型路口，有效减少了安全隐患。经改造后的 47 个路口、71 条路段，至今未发生亡人事故。

集镇交通管理城市化。集镇是农村人口集聚区域，也是重要的交通节点。全市 21 条国省道穿越 47 个集镇。集镇交通秩序既是美丽乡村建设的重要内容，也是交通安全的重要保证。选取全市 10 个重点乡镇开展集镇城市化治理，在国、省道主要道口和重点集镇路口交通组织渠化工作，设置"严管路口"、礼让斑马线、施划停车泊位、禁停黄标线，增设禁停标志、抓拍设施，联合城管部门取缔路边流动摊点、清理沿街广告标牌，严格整治各类"杂车""僵尸车"等交通乱象，切实改善镇区交通面貌。

道路联勤联控一体化。农村道路交通管理力量不足是普遍性难题。在市区全面推行路长制的基础上，向全市 156 条重点农村道路进行推广，整合派出所、巡特警等力量，实行一路一长、一路一策、一路一体，形成"人人有路、路路有人、人人有责、路路有序"的生动局面。对全市事故多发、高发道路实施严管严治，特别是在 228、204 国道，建立联勤指挥中心，沿线中队实行联勤机制，依托市县际卡口、超载超限检查站，通过组织集中统一行动、异地交叉执法等方式开展路检路查，提升事故预防的针对性和实效性。发挥摩

托机动化优势，组建 10 支铁骑队，新招 800 名辅警力量，既管交通，又管治安，有效弥补管理盲区，提高社会面交通治安管控能力。

二、在治理内容上，推进动态、静态一体化

城市交通是一个非常复杂的开放系统，需要抓住变与不变，统筹动、静两个层面，多方位、多层次入手，全力护秩序、保畅通、保安全，努力创造良好的交通环境。

抓动态。近年来，我们从宏观、中观、微观三个层面，加大供给、优化结构，强力整治、破解顽疾，划小单元、夯实责任，有效解决动态行车问题。2018 年，全市推进"大交通"建设，开建高架三期工程，大市区 20 条道路同时封闭施工。得益于前期探索实施的动态交通治理，大市区交通依然保持畅通有序，在高德地图发布的畅通城市排名中保持前三。

整静态。停车难是大中城市普遍面临的难题。盐城聚集静态交通，主攻停车问题，集中攻坚"乱施划、乱收费、乱停车"三大问题，在大市区实施停车秩序整治，统管停车泊位，组织开展"大巡查、大执法、大清拖"专项整治行动，综合运用科技、法治、宣传等多种手段，按照"一个信息管理系统、一个停车设施建设标准、一个停车收费标准、一个停车管理办法""四个一"的工作思路，重构城市停车服务管理体系，初步确立盐城停车规矩，逐步实现停车供给科学化、停车秩序规范化、停车收费合理化、停车服务智能化"四化"目标。

动静结合。动态和静态是交通体系完整的生态链，必须坚持系统思维，按照停车管理和行车管理相结合、交通组织和执法管理相结合、交通供给和需求抑制相结合的思路，统筹人、车、路管理要素，切实打好主动仗、整体仗、协同仗，逐步建立顺应城市发展规律的交通管理服务体系，只有实现动静态交通平衡，才能保障城市机能正常高效运转。

三、在联动协作上，推进建设、管理一体化

当前，交通安全建设明显滞后于城市建设和基础设施建设，无法满足正常的交通管理需求。盐城市紧盯规划、建设和管理等核心环节，狠抓顶层设计、风险控制和规范管理，切实解决建管分离、管建脱节等影响交通安全的根源性矛盾。

安全共建。向市委常委会专题汇报，提请成立道路交通安全委员会，推动政府出台了《道路交通安全设施建设管理办法》，明确道路设计、施工、验收，使用"四同时"工作规范，完善交通安全分级管控机制，做实做硬交通环境评价，将把市区建成区内，建设项目规模超过 2 万平方米的大型公共建设项目及超过 5 万平方米的居住类项目；边缘组团、城镇及重点地区，建设规模超过 5 万平方米的大型公共建设项目及超过 10 万平方米的居住类项目；大型城市交通设施（如航空、铁路、公路的客货站场、客货运码头、物流中心、公共汽车停车场、社会公共停车场、加油站、公交枢纽、出租车服务中心等）；距城市主次干道交叉口 120 米以内需开设机动车出入口的建设项目；在城市主、次干道上施工并对交通有严重影响的路桥工程项目；规划行政管理部门或公安交通管理部门认为对城市交通有严重影

响的其他建设项目等 6 大类项目纳入评价体系，并实行一票否决。2017 年以来，先后叫停人民路学海路悦达地块、凤凰汇天辰府等 3 个大型建设项目，真正把交通需求印在了相关部门的脑海里，从源头上消除先天不足的"畸形儿"。

隐患共治。充分发挥公安主力军作用，联合交通部门开展道路安全隐患"定期巡查行动"，建立"四巡查"工作制度，对未中断交通的施工作业路段每天开展一次巡查，对封闭施工路段每周开展一次巡查，对国省道以及农村公路每月开展一次巡查，对校车行驶路线每学期开展一次巡查，及时发现新增的安全隐患路段，实时推动整改。选择事故高发的 228 国道组织开展交通安全管控会战，推动政府开展路域环境综合整治，建立交通安全隐患排查整治机制，先后优化 45 处平交路口交通组织、新增 50 处路口照明设施、推进 6 个服务区建设；2018 年亡人交通事故同比下降 56.25%。

示范共创。围绕高质量的目标追求，抓示范引领，解放思想、确立标杆，全面提升整体建设和管理水平。围绕市区高架快速路建设，专门成立"项目办"，对接设计、施工单位，对配套的交通设施、智能管理设备进行统一科学规划，同步制定符合当地实际的快速路管理模式和勤务运行、应急保障工作机制，确保道路开通后各项设施、措施同步运行。盐城高架运转以来没有发生亡人事故、没有发生长时间拥堵，成为盐城一道亮丽的风景线，得到政府肯定、各界认可。

四、在方法手段上，推进治标、治本一体化

"标"是现象，"本"是本质。盐城市始终抓住影响交通安全的主要矛盾和矛盾的主要方面，以治标促进治本，既猛药去疴、重典治乱，也久久为功、综合治理，努力实现根本性转变。

紧盯突出问题，开展专项治理。在治安问题上，盐城市以"黄海行动"为载体出重拳，成为全国有一定知名度的品牌；在交通治理上，盐城市以"五个一"区域整治为抓手，对重点问题区域及周边交通开展根本性治理，通过治理一个、带动一片，实现全域治理。近年来，按照先难后易的原则，学校、医院、商贸、小区等交通单元逐一突破，区域交通秩序明显改善，得到了社会认可和群众赞誉，也增强了"难题可治"的自信，一块一块小的安全畅通推动了整体的安全畅通。

抓住关键节点，筑牢铁桶工程。把控全市 95 个市际出入口、28 个高速出入口等关键交通点位，全面建成智能卡口，布建车辆抓拍、视频监控、电子围栏、网络围栏、人证一体采集安检门等全项数据信息采集前端，实现多维数据采集，织密一张防控网，全面采集进出盐城的车辆和驾乘人员信息，通过线上分析研判、线下精准布控，有效令隐患车、隐患人进不了市、上不了高速。卡口大队民警朱勇发挥职业特长，精细研究假牌、套牌查缉战法，深度挖掘公安大数据资源，第一时间将查控指令、研判结果通过点调系统等推送到全市各卡口点。查获假牌、套牌车辆 2271 起；查获走私盗抢机动车 404 辆，毒品 370 余克；

抓获无证驾驶、失驾、毒驾人员 936 名，逃犯 391 名，涉毒人员 103 名，消除了一大批交通和治安隐患。

坚持以人为本，强化宣传攻势。凸显"人"的关键主导地位，以交通安全宣传为载体，针对不同群体精准开展交通安全宣传，提升群众的守法意识和安全防范意识。发挥新媒体覆盖面大、扩散力强等特点，着力打造"两微一抖一直播"的宣传阵地，影响力全面提升。7 月 25 日，在公安部"2018 年度互联网＋城市交通管理"论坛中喜获十佳多媒体创新奖。组织开展"随手拍"等活动，增强群众的交通安全意识和参与度，设立校园交通安全宣传周，把安全知识送到孩子手中，取得了很好效果。

第三章　城市停车的理论研究

第一节　城市停车问题及改善

当前,"停车之痛"已成为城市通病,因停车问题引发的纠纷屡见不鲜,而且"停车难"的影响不仅仅局限于停车本身,还引发了一系列城市管理问题,困扰着群众和政府管理部门。

一、"停车难"现状

(一)占道停车现象严重

按照交通规则,机动车辆、非机动车辆、行人要各行其道,不准乱停乱放。但是,很多机动车辆、非机动车辆依旧随意停放,把人行道占得满满的,尤其在饭店和银行门口,有的干脆将车停在绿化带中间的过道处。有的车辆停在道路两侧,停车方向各异,显得凌乱,致使街道变窄,严重影响道路通行。甚至有的车辆挤占盲道。行人只好绕"道"而行,走在非机动车道或机动车道上,造成交通秩序混乱,交通安全也受到威胁。

占道停车已经是比较常见的现象。在非机动车道上,乱停乱放的车辆较多。

车辆乱停乱放的现象在各条道路上不同程度存在,而导致乱停乱放的原因:一是停车位较少,不能满足车辆数量的快速增加;二是市民的文明交通意识有待提高。

(二)电动车停放太"任性"

在一些城市路段上,电动车不仅在人行道上、非机动车道上乱停乱放,还有一些电动车直接停放在机动车道上,使原本并不宽的车道变得拥堵起来,妨碍其他车辆通行,既影响群众出行,也影响了环境。

(三)消防通道禁停标志成摆设

除了在人行道上乱停车,一些严禁停车的消防通道也被部分驾驶人当成了停车的绝佳场地。某会展中心间的消防通道两侧,停放着多辆私家车,让原本还算宽的道路只剩下一个多车身的距离供来往车辆通过。而在该消防通道路口,一块"全线禁停,违者拖移"的牌子,似乎被所有人忽视了。

二、"停车难"原因分析

造成上述现象的原因有很多，但主要的原因有以下几方面。

（一）机动车数量急剧增加

车辆数量的增加，尤其是私家车的急剧增长，是导致当前停车难的最直接的原因。业主购买的私家汽车数量迅猛增加，远远超过了小区配备的停车位。

（二）停车位规划滞后

由于过去在规划设计时没有充分考虑到汽车停车位和停车场，没有从发展的角度充分规划停车位和停车场，缺乏完整科学、统筹协调的停车发展规划，造成停车设施布局不合理或规划用地未预留，停车场（库）建设明显滞后于城市经济与社会发展的需要。

（三）停车配建标准低

原有的建筑工程交通设计及停车库（场）设置标准与近几年机动车迅速增长的情况不相适应。即使这一较低的停车配建标准，在实施中往往也不到位，监督缺乏有效手段。由于停车配建标准太低，且标准执行又不到位，建筑物配建停车泊位缺口很大，造成住宅小区停车供求矛盾尖锐。有的小区只设计几百个泊车位，可是却要有近千辆车停放，这无疑就激化了矛盾。

（四）停车管理措施不到位

停车位经营机制不合理。尤其是路面与地下停车场（库）的经营机制缺乏合理性，收费价格倒挂，未能发挥以价格经济杠杆来调节停车供需关系的作用，客观加剧了住宅小区停车难的矛盾，形成了停车总体供给不足、路面停车日增、地下泊位闲置的怪圈。路面泊车位的价格一般只有地下车库的一半，并且地下车库还不太方便。很多人宁愿选择将车停放在路面上而不愿放到地下车库去。这无疑形成了另一种矛盾。

（五）停车管理法规不完善

由于缺乏具有完整性、系统性、统一性的行政法规，无法适应住宅小区停车管理的需要，同时，也由于没有强有力的行政措施，出现了停车位被占用或被挪作他用、不服从规定乱停车等现象，直接影响了停车依法管理的效力和相关政策措施的实施。

三、"停车难"解决对策

（一）落实小区车位配套标准

新建小区应当配备比例较高的停车位，小区道路宽度应当充分考虑提高停车率和车辆交会的需要，妥善处理停车用地和绿化用地之间的关系。

虽然很多城市已提高了新建小区的停车配建指标，但标准也要与时俱进。住区停车指标的制定是一个前瞻性很强的工作，因此必须对未来车辆的发展数量有所预计，应当在设计规划中留出适当的发展空间，防患于未然。因此，政府规划要有一定的前瞻性，不要让"停车难"问题重复出现。

（二）多种途径增加居民区停车位供给

针对许多小区车库空置现象，出台车库管理办法，禁止车库移作他用，清理被挪用的停车场（库）。

此外，建议有关部门可以在老小区里人流较少的道路和老小区周边偏僻位置划出部分停车位。在老小区集中的地区，还可以选择合适的地方建设大型停车场，使老小区的住户也能有地方停车，在有条件的小区通过建设立体车库，增加停车位。

政府要制定政策，鼓励民间资本投资建设停车场。政府可以通过招投标的方式，在民间资本中确定投资者。政府可以在税收、土地价格等方面出台优惠政策，以支持、引导民间资本投资停车场。

（三）提高停车费用

如果包括停车费用在内的汽车使用成本足够高，一部分人就会放弃使用小汽车，转而利用其他的交通方式。但是前提是他有其他交通方式可以利用。如果没有其他交通方式可以利用的话，使用成本再高，有车一族也不会放弃使用汽车。所以，我们要尽快完善的就是公交系统，提高公交的服务水平。

另外，通过提高停车费用得到了一定的收入，这个收入应该全部用到公交设施的改善上，公共交通服务水平的改善，既是我们城市发展的根本方向，也是这笔钱正确使用的方向。

（四）加强管理和引导

众多老小区在设计建造之初，没有考虑到停车位，使得私家车只能停在公共通道上，甚至是人行道上。针对老小区停车位严重不足的问题，首先要做好市民的引导工作，市民买车之前应考虑车库车位的配套。如果是住在没有车库车位的老小区内的市民，有条件的就应当搬迁到新小区后再买车。

另外，充分发挥业主自治作用，要督促物业管理公司对小区的车辆停放秩序加以规范，特别是消防通道要严禁停车，对在小区内违规停车的要加大处罚力度，同时采取措施限制外来车辆的进入和停车过夜。在大力提倡建设和谐社会的今天，以人为本，加强管理，明确物业管理部门的权利和责任，共同建设和谐社区，已越来越受到社会的关注。

物业公司要加强对小区停车管理，结合实际，配合业主大会共同制定小区停车管理制度，针对小区车多库少的实际情况，对小区道路进行合理画线，实行定时单侧停车、单向行驶的形式，确保行车路线畅通，提高小区车位利用率，切实做好小区车辆通行和停放秩序的管理。

针对部分小区因停车场（库）租金售价较高，业主宁愿停在小区地面道路而使现存停车场（库）空位情况，应逐渐取消道路上停车。

四、城市停车管理的困境

城市停车管理既是城市交通建设和运营的有机衔接，又和动态交通管理相辅相成。在城市停车管理实践中，公安交通管理部门在停车管理中面临体制、政策、执法等方面的困境。

（一）停车警情占比过高，严重影响警务效能

很多城市的挪车请求都是由 122 或 110 受理，需要由指挥中心派单，再由交警手工查询再拨打车主电话，通知车主挪车。据统计，这一过程耗时为 600 至 900 秒，如果遇到车主登记号码有误、车主拒接电话等情况，耗时会继续增加，对勤务管理和警力资源造成极大的干扰和浪费。

（二）重点地区停车矛盾突出，交警面临执法难的困境

由于历史规划等原因，城市中心城区，尤其是居民区、医院、学校、商业区和交通枢纽场站等地，原有的配建停车泊位供给严重不足，且无法开辟新的地块建设大规模的停车场，导致只能利用周边道路停车，交管部门面临执法难的困境。在执法难的困境下，"停车乱"问题积重难返。

（三）停车管理体制不顺，相关管理缺少规范

目前，各城市在停车管理主体确定、职能分工和衔接配合方面差异较大。有的城市将停车主管职责归于公安交管部门，有的城市将其归于交通委，还有的城市则将其归于城管部门。此外，部分城市将路内停车泊位的规划、施划和管理职责分别交给不同部门，导致权责不清、有权无责或者有责无权的现象出现，既给管理部门和民众造成困惑，又阻碍了停车管理工作的顺利开展。

（四）停车管理信息化建设不足

目前，城市停车信息化建设主要由停车场运营企业或停车互联网公司主导，主体较为分散，且多集中于停车场内部的信息化建设，路内停车泊位信息化建设也相对迟滞。此外，停车信息化建设缺乏全国或全行业统一的标准，各城市缺少统一的停车信息服务和管理平台，信息共享不足，停车信息化服务水平有待提高。

（五）停车安全监管环节存在漏洞

目前，全国范围内的道路交通治安卡口系统已经建成且成效显著，覆盖了主要公路和城市道路，实现了对动态交通车流的监控和缉查布控。但是，在对静态交通的监控和管理方面仍然存在盲区，当车辆驶出道路，进入停车场后，车辆的后续轨迹和具体情况便难以追踪。

（六）城市停车管理的对策建议

动态交通管理和静态交通管理是城市交通管理的两大重要方面，作为城市道路交通管理的主体，公安交通管理部门应立足职责，推动对动态交通和静态交通管理的同步协调。建议以七部委联合发文加强城市停车设施建设为契机，从以下两方面加速推进停车管理工作。

1．创新运用信息化手段，有效应对停车警情高发

目前，已经有多个城市的交通管理部门在运用信息化手段解决挪车警情比例较高的问题上有所创新。建议积极宣传和推广各地创新举措，大力推动停车管理信息化进程，并进一步加强车主信息登记、更新与核实，夯实静态交通管理基础。

2．推动政策法规的研究、制定和出台协调各相关管理部门沟通合作

要加强停车管理政策法规的研究，争取推动在道路交通安全法修订中增加路内停车管理的具体内容，出台加强城市停车执法的指导意见，规范和监督停车执法。同时，公安交通管理部门还应积极与停车管理相关的各部门沟通，努力协调解决停车管理主体确认、权责划分、人财配置、工作协调等问题，理顺体制机制。

第二节 城市停车资源有效供给

伴随经济的发展，汽车保有量不断增加，乱停乱放现象普遍，严重影响市容市貌。本节将对停车资源进行科学分类，明确停车资源的属性，界定停车资源有效供给的含义，探讨城市停车资源有效供给的机制，提出停车资源有效供给的举措。

停车资源是供车辆出行停放的基础设施和物质基础，是现代城市综合交通不可或缺的有机组成部分，其独特的静态特性，使其成为与城市动态交通相关的重要探讨对象。对于停车资源的界定，一般认为停车资源是指供车辆临时或长时间停放的场地、场所及相应辅助性设备，包括在道路上施划的临时停车泊位，专门兴建的停车场、停车库、停车楼，各类建筑附近的停车空间以及各类专业性停车场。

中国经济的高速发展催生和提高了公众出行的机动化欲望，汽车的保有量也随之增长，城市停车资源供不应求，乱停车现象普遍，严重影响了城市的市容市貌与健康发展。为解决城市停车资源的供给问题，政府虽然采取了一系列措施，但实际效果仍然不佳。目前，我国正处于体制转轨的关键时期，经济制度、经济结构等正在经历着革命性的变革。经济社会的发展以及机动化水平的提高派生出对交通基础设施的间接需求，其需求程度在不断扩张。从需求方面来讲，增加城市停车资源供给，会造成机动车拥有量的增加，最终造成交通拥堵、公共服务质量降低等其他社会问题。因此，深入探讨停车资源的供给，尤其是停车资源的有效供给，具有重要的理论意义和现实意义。

一、停车资源有效供给的机制

我国停车资源种类繁多，产权界定不清晰，许多人把停车资源视为公共资源，认为每个人都具有平等地拥有停车资源的权利。根据服务对象可将停车资源分为公共停车场、配建停车场和专用停车场。根据场地位置可将之分为路内停车资源和路外停车资源。根据管理方式可将之分为免费停车场、限时（免费）停车场、收费停车场和指定停车场。根据经营性质可将之分为社会停车场、临时停车场、专用停车场（库）（包括住宅小区停车场、单位停车场）、配建兼用停车场（包括交通枢纽配建、商务楼配建、宾馆旅社配建、体育场馆配建、文化娱乐场所配建、观光旅游场所配建、其他场所配建）。根据建筑类型可将之分为地面停车场、地下停车库、地上停车库和机械式停车库等。本节将停车资源分为路外停车资源和路内停车资源两类。路内停车资源是指供中小型汽车停放的在道路红线以内的场所，路外停车资源主要包括建筑物配建停车场（库）、社会停车场和专用停车场。有学者已对停车资源的属性进行了深入探讨，认为停车资源属于准公共物品，不同类别停车资源的公共性程度有所差异，该分类有利于明确停车资源的供给主体。

停车资源的有效供给是指某区域内提供的停车泊位数量既能满足区域内所有的停车需求，同时又要避免停车泊位的闲置，使停车泊位能够充分利用。停车资源有效供给应满足两个条件：一是停车资源供给满足区域内的停车需求，即停车资源的供给符合帕累托最优条件；二是节约停车资源的供给成本。

路内停车资源由私营部门供给，成本较高，收益较小，因此很少有企业愿意提供路内停车资源，而由公共部门提供不仅可以有效解决搭便车的问题，而且使路内停车资源的供给更符合经济效率。公共部门作为路内停车资源供给的主体，具有其他组织所不具备的权威性和强制力，可以有效规避路内停车失控等问题，使路内停车资源得以有序使用。路外停车资源涉及位置较为复杂，包括供社会公众从事各种活动出行时停放机动车的停车资源、各类公共建筑和居住区配套建设的停车场所以及只供特定对象使用的停车资源，该类停车资源管理起来较为困难。在市场经济条件下，由于缺乏竞争机制，公共部门没有来自外部竞争者的压力，导致路外停车资源供给效率低下，加之政府财政能力有限，人力资源有限，政府不但不能提供充分的路外停车资源，而且公共部门提供的停车资源成本也相对较高。因此，路外停车资源的供给应该引入竞争机制，通过私人部门之间进行竞争，或通过私人部门与公共部门之间合作的方式实现路外停车资源的有效供给。私人部门通过市场机制供给路外停车资源，既可以满足公共需求，增进社会福利，又可以实现企业利润；既可以实现消费者效用的最大化，又可以降低路外停车资源的供给成本，使停车资源的供给更有效率。

二、停车资源有效供给的举措

停车问题事关市容市貌和经济发展。停车问题解决得好，就能够有效地解决静态交通问题，使机动车停放有序，对路面交通流运行速度影响较小，并且能够有效满足市民出行需求，促进城市工商业发展与繁荣；如果解决不好，不仅会加剧交通拥堵，影响交通安全，同时也会降低车辆运行速度，造成交通污染，破坏城市景观与生态环境，影响市民身体健康。解决停车问题不能只停留在简单地增加停车供给上，同时也应有效控制停车需求，从供求两方面解决停车问题。增加停车供给同时涉及停车规划、建设、投资、管理、政策法规、科技信息等多方面。停车问题是城市病之一，解决停车问题必须提升到城市规划和发展战略的高度，着眼长远，多层次、全方位、多角度谋划和解决停车资源的有效供给问题。

在上述分类中，路内停车资源担负着短时停车的主要任务，路内停车资源与路外停车资源比较起来，具有自身的优势，具体体现为建设成本低、方便灵活以及周转率高等方面。但路内停车资源也具有相对不足，具体体现为压缩行人和自行车通行空间、影响道路的通行能力、增加其他道路的通行压力。因此，从长远来看，应尽量减少路内停车位的设置。如果设置路内停车位对道路交通影响不大，可以考虑合理设置一定量的路内停车位，以减轻路外停车压力。在设置路内停车位时，其具体位置应安排在建筑物周边次干道和支路内，避免影响主干道的交通流运行速度，路内停车设置可以是全天候的，也可以是限制时段的。路外停车资源的停车对象不限制身份归属，所有市民一般都可以停放，该类停车资源具有自身独有特点，具体包括停车对象身份不确定、投资成本较高、建设规模相对较大。针对这两类停车资源，应从以下方面发力，促进其有效供给。

（一）鼓励私人部门参与停车资源供给和竞争

竞争是效率的基础，要通过顶层设计制定鼓励竞争的体制机制，鼓励私人部门参与停车资源供给和竞争，降低停车资源的供给成本，提高停车资源的供给效率。如果私人部门虽然参与但缺乏竞争，就会导致帕累托无效。公共部门可以将建设成本高、回报率低、私人部门不愿介入的停车资源纳入自己的提供范围，以提升社会的福利水平。同时，要充分发挥私人部门在技术、管理等方面的相对优势，将回报率高、服务水平高、需要较高技术水平的停车资源通过适当方式转交给私人部门提供或经营，以达到充分利用民间资本的目的。通过政府和市场的职能划分，使停车资源在政府提供和市场提供之间实现合理分配，以提高社会稀缺资源的合理利用水平和社会福利水平，实现社会资源的帕累托最优配置。

（二）制定科学合理的停车收费价格体系

在我国不少城市，都不同程度地存在着停车乱收费的现象，乱收费无疑会成为阻碍车主规范停车的因素，因此如何制定科学合理的停车价格收费体系对于停车资源的有效供给具有重要作用。实现停车资源的有效供给，利用价格杠杆来调节道路交通与停车资源，制定科学合理的停车收费价格体系应从诸多方面入手。一是停车收费价格要综合两种成本，即建设成本和经营成本之和；二是要根据停车时间长短采用累进收费价格；三是采用计时收费提高停车资源的利用率和周转率；四是根据地段和时段实行差别化停车收费价格，中心高于外围、高峰高于低峰、白天高于夜间、路内高于路外、地上高于地下。

（三）加强政府与私营部门之间的合作

城市停车资源作为准公共物品，在供给的过程中，为了降低成本，保证供给的有效性，必须将政府与市场相结合，取长补短，使停车资源的供给达到帕累托最优状态。政府与私营部门的合作形式包括政府与单一企业的合作和政府与多个企业的合作。政府与单一企业合作，以政府为主导，以企业为补充，合作形式多样，或合同承包，或特许经营，政府与企业的互动紧密，降低了多企业业务竞争所产生的利益冲突和交易成本。政府主导、多个企业共同运营，有利于联合解决停车资源的运营问题和技术问题，激励多主体参与停产资源供给，通过市场竞争有效提高停车技术和经营水平，为停车资源供给系统带来活力。

（四）引导公众积极参与解决停车问题

停车问题的解决涉及三个主体，即政府、私人部门和公众。对于政府和私人部门的合理分工问题前文已做论述。对于公众，要鼓励公众积极参与解决停车问题。首先，应该强化公众对于静态交通的认识，引导其树立正确的静态交通意识，突出静态交通对于动态交通的重要性。同时，要引导公众采取绿色出行方式，减少自驾出行，养成规范有序的停车习惯。其次，要进一步了解公众对于政府各项停车措施的认可程度。通过调查和访谈等形式摸排情况，加强沟通，及时了解公众对于解决停车问题的意愿和建议。通过相关调查和访谈，促进政府与公众的相互沟通和理解，推动公众形成关于停车的自我教育和自我行为约束机制，实现文明行车、文明停车，真实反映停车资源的实际需求，促进停车资源的有效供给。

（五）加强停车资源的执法管理

加强停车资源的执法管理是解决停车问题的重要途径。政府要成立专门的停车管理机构，具体负责城市的停车管理工作，通过对停车资源的严格管理，提高停车资源的使用效率。要严格禁止私自侵占公共停车资源的行为，严格禁止路内非法停车和乱停乱放行为，严格取缔私设停车点和无照经营行为，促进停车资源的有效供给。

（六）建立智能立体式车库

仓储式立体车库停车密度高，可以大大地节约停车资源，每辆车只占用16.8平方米的平面面积，而立体车库每车位占用空间为36立方米，所以仓储式立体车库是停车资源供给有效性的一个良好选择，对于停车资源紧张的城市可以起到缓冲的作用。此外，提供仓储式立体车库可以避免停车资源的浪费；仓储式立体车库存取车方便快捷，能够大大提高存取车的效率，缩短出入口的等待时间。

第三节　城市停车设施结合道路建设

目前，城市居民的小汽车拥有率逐步提高，停车问题不仅影响了城市交通，还正在逐步侵占城市公共空间。根据不同的停车特点，采用适合的停车管理措施，规范城市停车，能够提高既有车位的利用效率，将城市公共空间释放出来，改善周边居民的休憩环境，提高土地价值。同时有效的停车管理措施，还能增加收入，以平衡停车设施建设和运营成本。

一、主要原因

城市建设发展过程中，在全国范围内比较合理且认可的停车设施结构比例为：路边停车占 5%，公共停车位占 20%，配建停车位为 75%。但是在我市中，其停车位比例为：路边停车 24%，配建 19%。说明我市的停车位，在总量以及配建停车位上的数量严重不足，不光如此，其结构分配也极为不合理，同时，这也是我市停车难的主要原因之一。

二、城市停车设施结合道路建设方法

（一）提高政府重视程度和加强主管部门监管力度

总的来说，停车设施建设和管理是一个系统工程，解决停车难的问题是更多的停车设施，加强交通管理执法和监督，形成一个长期的城市停车管理系统的整体协调。目前，静态交通管理的主要问题：一是城市发展和道路的现状不相适应的问题；二是快速增长，汽车停车场不合适的问题。解决城市停车问题的良好的静态交通系统，我们必须了解国内其他先进城市实践的经验，处理规划、产权、审批、管理，充分利用路边停车之间的关系发展道路，鼓励建设室内停车场。此外，政府保留总线建设用地，土地转让。在大型居住区的规划和建设，交易会，业务网点应该保留依照相应区域的站点，停车设施基础建设。为政府部门共同专业研究机构配建停车标准。标准将开发住宅、交通枢纽、商业、办公、酒店、医院、学校、文化、体育和其他类型的建筑停车场配建标准，提交相关部门实施并监督实施。

（二）多元化投资，加大停车场建设

以多样化的投资扩大资金来源和渠道，优化停车场停车设施政策，以各种优惠政策，鼓励民间资本进入城市停车设施的建设，并引导鼓励他们到停车场管理，引用先进的电子技术和先进的管理模式。停车场建设问题，每个部门应该协调，严格按照规范要求配建停车场，不能改变停车场规划批准的性质，规范停车收费标准，提高停车周转率，缓解部分地区的停车问题。

（三）加强道路基础设施建设，完善道路停车设施

（1）临时占道停车在缓解停车难的问题上起到积极的作用。乌鲁木齐全市总社会停车位共计 29.33 万个，其中配建停车场车位 28.72 万，独立公共停车场车位 0.23 万，路内停车场车位 0.37 万，分别占总社会停车位的 98%、0.8%、1.2%。另据调查，夜间共有 46 万辆客车停放在中心城，均车位为 0.64 个 / 辆，连"一车一位"都尚未达到。但是，分析了城市交通条件，由于总量条件的缺乏，道路宽度有限，基础设施比较陈旧，满足交通仍然困难，然后建车库，更加困难，只会增加强度的道路建设，重建和扩张，提高通行能力，同时修建停车场。重建道路拓宽，在正常的情况下不影响交通，开始逐渐在某些情况下，大型停车需求的中小街道单方面临时占道停车场，停车场道路施工方案由国务院公安交通管理与规划的部门按照一定的原则进行实施。原则提供停车场建设符合要求的区域道路停车完全控制，承载力、交通和路况和车辆停车场需求，区别不同时间，不同用途的停车需求。临时出现停车规划、建设和管理是一种长期有效的交通管理机制，也必将在缓解停车困难的问题上发挥积极作用。

（2）人行道停车的利弊。人行道设置停车场是无可争辩的事实，也是一个常见的问题，在城市里，也有许多市民争论，人行道，顾名思义是行人通过的道路，如果用于停车，人车混行对行人的安全缺乏保护，如何解决上述矛盾，这是摆在我们面前应研究和解决的问题。首先，充分利用道路规划，和道路两边的商业区规划，考虑道路商务区的建设，必须留出空间，或增加路面宽度配建停车场，严格区分路面标记和停车的位置。考虑停车场的位置，提高路面设计标准，满足交通的需求。其次，明确各部门的职责、权限，加强监督管理的占道停车场，停车场规划、建设、管理和运行有机结合，为动态交通提供一个良好的基础。

（四）合理论证并尽快明确道路停车的功能定位

一般城市停车系统为主路停车和路外停车，两种方式是互补的，路外停车是必要的和适当的。在当前城市公共交通发展迅速，城市停车设施供应不足的前提下，设置合理的道路停车，在短时间内满足停车需求是必需的，但必须明确其功能定位主要是满足短时停放需求，同时要通过限时停车提高车位周转率，提升道路使用效率。

我们在发展经济的同时，更要注重社会的和谐发展。我们的政府乃至每个社会公民都应该关注道路基础设施以及停车场的建设，一个良好的静态交通管理环境，无疑将关系到我们社会的进步、文明的发展，相信在不久的将来，一个美好和谐的交通环境将会展现在我们市民面前。

第四节 我国城市停车行业的组织结构

城市机动化水平的不断提高引发了大量的停车需求，而我国大中城市停车设施供给严重不足，导致了停车供需矛盾日益突出，给城市发展带来了一系列问题，"停车难"日益成为制约我国大中城市经济发展的瓶颈。停车管理对于城市管理者来说是一个挑战，对于私人资本来讲则是一个机遇，停车管理逐渐形成了一个产业。不同的停车行业组织形成了不同的组织结构。本节以停车行业组织结构为研究对象，以不同的停车行业组织结构特征为研究内容，深入探讨了我国停车行业组织结构的发展现状、影响因素及其发展动力，促进提高停车行业的管理效率与经济效率。

国民经济的快速发展，生活水平的逐步提高，人口规模的不断扩大，汽车产业的长足进步，使私家车进入了千家万户，机动车保有量与交通量与日俱增。与机动车的数量相比，停车位的供给数量严重不足，供求矛盾日益突出，车辆乱停乱放造成交通拥堵，给城市中心区带来了巨大的交通压力，对城市管理提出了新的挑战。"停车难"日益成为制约我国大中城市经济发展的重要因素。随着停车需求的急剧增长，以及国家对公共停车秩序标准的日益规范，国内停车管理行业迅速发展起来。根据《2006—2014年中国出入口控制与管理系统细分市场研究及重点企业竞争力深度调研报告》数据，2009年国内停车产业的市场规模约为11.5亿元，2010年国内停车产业市场需求达到14.5亿元，2011年国内停车产业市场规模达到18亿元，2014年停车市场需求超过37亿元。报告和现实都反映出停车行业是富有发展前景的朝阳产业。因此，深入探讨停车行业的相关问题具有重要的理论意义和现实意义。

解决停车难问题的根本出路在于产业化和民营化，即通过政府和民间合作等形式，增加停车供给，推动停车产业的健康发展。部分大城市催生了一些专业的停车管理公司，其中有本土的公司，如北京的阳光海天公司、金地公司、公联公司，也有一些外资公司，如富城公司、威华公司、安泊客公司等。为了实现停车公司的科学管理，提高停车公司管理效率，国内外停车业界以及专家学者开始探索如何通过改善停车行业组织结构，以提高停车行业的管理效率和经济效率。

美国、英国、德国、日本等发达国家由于汽车产业发展较早，停车难问题出现也较早。各国为了有效解决停车难问题，在规范停车行业管理及其研究方面也起步较早，积累了丰富经验。国外对于停车行业的研究，早期主要集中于行业的产权归属问题、行业本身发展存在的问题及其对策等几个主要方面，后逐步将研究焦点转移至组织管理结构的科学化与合理化，以及停车设施智能化等方面。国内对于停车行业的研究，从整体而言，主要集中于停车场的规划和建设方面，而对于停车管理问题的研究相对滞后。对于停车场的信息技术手段的研究，仅限于将此技术应用于停车诱导系统和单个停车场收费管理系统。然而，随着城市停车场规模的日益扩大以及停车场数量的增加，如何将现有的信息技术应用于城市停车场的统一管理，以实现停车管理的信息化和科学化，提高已建成停车场的使用效率和周转效率，国内在此方面的研究却相对较少。如何设计合理的停车行业组织结构，实现停车管理的智能化、人性化和科学化，是当前和今后一段时间停车行业研究的重要方向，也是该行业研究的未来趋势。

本节试图通过对于停车行业组织结构的研究，深刻揭示停车行业的组织结构特征，分析组织结构中存在的矛盾与冲突，探索停车行业的最优组织结构，提高停车行业的组织运行效率。

一、国外停车行业组织结构的特征

由于西方国家工业化起步较早，工业化程度相对较高，汽车工业先行发展，由汽车带来的种种问题也出现较早。对此，西方发达国家率先提出了诸多解决方案，其中包括停车管理方案。在基本制度安排方面，西方国家一般实行土地私有产权制度和市场经济制度，这两种制度在某种程度上决定了其停车供给的反应能力。由于实行土地的私有产权制度，在城市停车问题出现后，个人可以充分利用自己的私有土地，以出租或自建的形式，建造更多的停车场和停车位以满足停车需求，并从中谋利。由于实行自由市场经济制度，停车服务市场化使得个人或企业考虑停车定价问题时，在考虑市场竞争和供求关系的基础上，可以参照市场价格自由设定价格，并保证自己获得相应的利润。由于土地私有和市场化的双重作用，日本以及西方发达国家的停车行业发展迅速，且在巨大的市场竞争压力之下，停车行业管理公司也在不断创新管理方式，积极进行组织结构的改革。日本的"Times24"公司、"三井Repark"公司作为国外停车行业的公司代表，其停车行业的组织结构可以概括为三个主要特征，即"区域事业部制与企业内部直线职能制相结合""分工合理明确""开放合作性强"。

（一）区域事业部制与企业内部直线职能制相结合

日本的"Times24"公司成立于1971年，最初是经营停车场设备的设计、制造、安装与施工的企业。1991年12月在东京开设了第一家24小时无人值守的时租停车场。截至2018年，"Times24"公司运营管理着超49万个车位、将近15 000个停车场，集团员工3 000人左右，年营业额约为1 970亿日元。"Times24"公司人均管理着230多个停车位、7个停车场，人均营业额为400多万元，人均产值与生产效率非常高。"Times24"公司每个停车场平均车位数在33个左右，其管理的停车场分布在日本全国、韩国与中国台湾地区。日本的"三井Repark"公司是日本最大的房地产开发公司——三井不动产公司旗下的停车场品牌，从1994年开始开展停车场运营管理业务，截至2018年，"三井Repark"管理着大约19万个车位、9000多个停车场，停车场业务年营业额为923亿日元。"三井Repark"公司每个停车场平均车位数是17个左右。"三井Repark"的停车场分布在日本47都道府县中的 45 个。这两大停车管理公司由于其业务分布区域分散、项目数量多、单位停车场规模小，为了节约管理成本，提高生产效率，其不仅在区域管理上采用了事业部制的组织结构，并且在下属企业内部采取了直线职能制组织结构，还实施了无人化管理和市场化收费与定价标准。

（二）分工合理明确

国外停车行业管理公司一般都有一套完整的组织结构，组织结构中各职能部门分工明确、权责清晰、互为补充。国外车主在无人化管理的停车场遇到问题时，首先可以拨打停车管理服务公司的 24 小时客服中心电话，通过远程协助解决问题。当问题无法通过引导车主自行解决时，公司会指派项目部门的专业工作人员去现场解决。客服中心还负有日常设备远程监控职能，如果他们发现监控设备出现异常报警时，会通知项目部门安排专业人员去现场进行处理。各部门各负其责，互相协助，以利于各自职能的实施，确保停车行业组织的高效运行。合理的工作流程设计也减少了企业的运营成本，如前所说，当客户遇到问题时，首先可以拨打电话尝试自行解决，无须动用专业人员。清晰的流程和合理的分工是国外停车行业组织结构设计的特征，为停车行业的组织管理带来了较高效率。

（三）开放合作性强

职能专业化和业务外包是国外企事业单位改革发展的潮流，意指各主体做自己最专业和最擅长的工作；除此之外，将组织需要履行的其他职能通过合同外包或者相互合作的方式交由另一方来完成，既避免了由于自身履职失误所导致的机会成本，又提高了服务质量和合作水平。如日本"三井 Repark"公司，其组织结构中负责停车场保洁职能的环境事务部就是通过服务外包的形式，将具体的清洁工作交由专业的保洁公司去做，而其自身则主要负责检查监督工作。"三井 Repark"公司通过定期保洁服务外包，将自身不擅长的保洁事务交由第三方负责，既可以集中自身精力做好自己最核心最本职的工作，即停车管理服务工作，又体现了高度灵活的开放合作性。

三、我国停车行业组织结构的特点

我国停车行业的参与主体主要包括政府部门和企业主体。政府部门的主要代表是市政交管部门，其掌握着路侧停车位及路外公共停车场资源，具有强大的资源优势，如北京市市政管理局掌握着北京市 16.65% 的停车位，停车费收入数额巨大。企业主体的主要代表是创业型公司，如停车百事通、阳光海天、丁丁停车等停车企业，它们是在适应市场停车需求条件下催生的新兴市场主体。市政交管部门虽然也是停车行业的参与主体之一，但停车管理事务在大多数城市，是以停车管理公司承包经营的方式，将实际管理事务交给企业主体进行经营的。所以，停车行业的从业主体仍然是各个停车管理公司。概言之，我国停车行业组织结构具有以下特征：

（一）以直线职能制组织结构为主

典型的组织结构有两种：一是直线职能制组织结构；二是事业部组织结构。一般来讲，规模较小、分布区域集中的企业适于采用直线职能制的集权式的组织结构；规模较大、分布区域广泛的企业适于采用事业部制的分权式组织结构。我国停车管理行业的从业公司有近 740 个。其中，特大城市拥有停车管理公司 339 个，如北京、上海、广州、深圳，分别拥有 141 个、91 个、23 个、84 个，占全国停车管理公司总数的 45.8%。全国城市停车管理公司总计 398 个，占全国停车管理公司总数的 54.2%。在这些公司中，一些行业巨头如北京汇泊智能停车公司、阳光海天停车产业集团和上海市中停车管理有限公司，由于其规模巨大、经营点分布全国，故均采取了能够适应其自身规模和分布特点的典型的事业部组织结构。如北京阳光海天停车管理公司，在北京设立公司总部，在全国的其他地区如上海、广州和深圳设立了 24 个独立核算的子公司，采取了以地区划分为依据，符合大规模组织要求和特点的事业部制组织结构。

除此之外，由于我国大多数停车管理企业规模相对较小，分布区域相对集中，所以，直线职能制构成了我国停车行业的主要组织结构形式。其特点是单一垂直领导，结构简单，领导隶属关系明确，组织结构中每一层级的个人或组织只有一个直接领导，不与相邻个人或组织及其领导发生任何命令与服从关系。这样的组织结构设计存在并适应于大多数规模较小、服务区域范围较窄的停车管理公司。由于这些公司人数和业务规模相对较小，其不需要复杂的组织结构，直线职能制的组织结构安排即可以实现灵活管理与运营，并可以做到职权明确和权责清晰。

由于停车行业提供的服务种类比较单一，仅以满足停车需求为主要目的，无论是路边停车还是小区内停车抑或是公共区域停车，均仅为客户提供停车服务，故大部分停车行业的组织结构相对比较简单，一般采取直线职能制的组织结构。例如深圳新洲城物业公司在应对停车管理问题时采用了直线职能制组织结构。组织结构的最上层是管理处，下辖三个职能部门，分别是工程维修部、秩序维护部和环境事务部。工程维修部负责设备维修，环境事务部负责停车场保洁工作，而秩序维护部又下辖三个职能工作小组，分别是进出口、巡逻组和监控组。直线职能制的组织管理结构在应对小区固定车位停车时是游刃有余的，因为住户的停车位都是通过购买或者租赁的方式固定下来的，在停车过程中无须寻找空余车位，可以顺利实现停车入位。但是当停车管理企业面对公共区域停车时，直线职能制就表现出一定的弊端。诸多中小城市的停车管理服务公司没有设置停车场引导岗位，导致车主在停车过程中既浪费时间，又很难找到合适的车位。由于直线职能制具有单一的垂直领导，每个人或者每个部门都有唯一服从的上级领导，各个职位的工作程序相对固定，工作内容较为单一，因此缺乏应有的灵活性，给公共区域顾客停车服务体验带来负面影响，组织自身在管理过程中也易走向僵化。

（二）组织结构的总体智能化水平较低

停车行业管理公司以传统的停车业务为中心，以企业盈利为目的，通过提供停车服务以满足顾客的停车需求。在部门设置上，一般在停车区域的进出口设置岗亭，停车区域内安排一定人员组成巡逻组，并组建监控组，在监控室安排工作人员值班，其突出特点是以人的具体劳动为主。与国外的停车行业管理公司相比，我国的停车行业组织管理相对落后，停车服务智能化水平较低。因此，应当积极利用和开发智能停车服务系统。以当代科学技术为基础，以信息化为手段，通过科技创新减少人力劳动，不仅可以提高工作效率，而且可以节约公司运营成本，提高整个停车行业服务的信息化和智能化水平。

为了实现上述停车管理智能化和信息化的目的，停车行业管理公司可以在停车区域进出口收费处免除人工亭，设立智能收费系统。智能停车收费管理系统是通过计算机、网络设备、车道管理设备搭建的一套对停车场车辆出入、场内车流引导、停车费收取进行综合管理的网络系统，是专业停车管理公司不可或缺的智能管理工具。它通过采集车辆出入记录、场内位置，实现对车辆出入和场内车辆的动态和静态的综合管理。系统一般采用某个载体，通过感应器记录车辆进出信息，通过管理软件实现收费策略、完成收费管理、控制车道设备等。目前停车场智能化载体大致分为 IC 卡、打印纸票、视频车牌识别、射频识别等方式。路面停车场一般使用咪表或智能 IC 卡等载体。车道控制设备是停车场系统的关键设备，是车辆与系统之间数据交互的界面，也是实现良好用户体验的关键设备。

为了实现上述停车管理智能化和信息化的目的，停车行业管理公司还应当设立智能指路和寻车系统，用户在地下停车的过程中由于多数停车场环境相似，标志不易识别、不够明显，停车寻位时易遇到道路难以识别的困难，这些都是现实中客观存在的难题，并且亟待解决。要想提升停车管理服务质量，就应积极倡导使用智能指路和寻车系统，该系统利用现代信息技术不仅可以帮助客户在进入停车场时尽快寻位，而且可以帮助客户在离开停车场时顺利找车。停车寻位功能基于图像识别的车位探测技术，利用前端照相机实时回传的图像获得车辆车牌号信息对车辆定位，并通过地图的形式显示当前位置到停车位的行车路线。寻车功能只需找到就近的查询终端，通过输入车牌号或者入场的时间段，来快速查询车辆停放位置。该智能系统不仅方便了顾客的停车需求，而且节约了车辆进入和离开停车场的时间，加快了车位周转速度，提高了停车场的使用效率，增加了停车场的营业收入。

智能化水平的提升有助于停车行业组织结构的设计更加高效和集约，节约组织的运营成本，并提升顾客的停车服务体验，使组织服务水平得到进一步提升，提高组织在未来发展和竞争中的硬实力。

（三）组织结构具有相对封闭性

停车管理公司在组织结构上具有相对的固定性和封闭性，缺乏必要的理赔处理系统和危机应对系统。目前，我国停车行业的服务范围仅限于车辆停放，对于车辆损伤理赔或者财物丢失等其他事务，大部分停车管理公司都不能积极有效地面对，究其原因，主要是组织结构设计上的封闭性。多数停车管理公司在停车场项目的运营管理过程中，缺乏与客户的协调与沟通，未能着眼于双方的利益，未能意识到停车场稳定顺利运营的基础是企业与客户的共同维护与沟通。停车管理公司在组织结构的设计上起初着眼于停车场范围内的软件和硬件的管理，并未考虑车辆损坏与理赔等相关事务，因此，在组织结构设计上缺少财务理赔处等部门，以应对车辆损伤和财物丢失等事宜。

由于组织结构上相对封闭，缺乏危机应对部门和沟通协调部门，导致与业内其他组织沟通不足，危机应对不力。对于行业内出现的新情况和新问题，不能采取恰当的态度和应对方案，在管理过程中易遇到很多纠纷。例如，对理赔处理程序不够熟悉，与客户关系不够融洽时，既缺少外部组织的协助和帮扶，面对客户的财务损失，又不能表现出积极的担当态度，不能提出可行的解决方案。采取推诿的态度，既损害组织形象，又影响组织的运营，给停车行业带来诸多负面影响，影响整个停车行业的发展与壮大，使得停车服务本土化的进程变得缓慢和举步维艰。停车行业应该打破单打独斗的局面，逐步实现对外开放。在组织结构设计方面，应该增设公关部，负责行业内的沟通，保持与其他停车企业的服务管理协调一致；在停车场智能化水平提升方面，应相互借鉴与合作，相互沟通与学习先进技术，降低各自的设备研发与使用成本；在秩序维护方面，应统一标准，保证管理服务行动的整齐划一和规范化、高效化。对于行业外的其他相关组织，也应保持不断的沟通和协调合作，以内外合力应对意外损失，共担风险，并保证处理过程迅速高效，以使客户的问题得到圆满解决。对于停车顾客，应该做好事前提示和事后的及时沟通，在客户进入停车区域的时候应该要求相关部门负责告知其注意事项和自我财务保护手段以及损失保险的处理程序，保证客户与停车管理公司的实时沟通，给予客户贴心的服务体验，维护企业的组织形象，保留后期的客户资源，扩大组织的发展机会和资金来源。

四、停车行业组织结构的影响因素

停车行业是必不可少的服务行业。目前，我国停车难问题日益突出，停车行业组织结构的科学设计对于提升其管理水平和服务能力尤为重要。科学合理的组织结构不仅可以节约组织运营成本，而且能够提高组织的运作效率。深入探讨影响组织结构设计的主要因素，对于科学设计停车行业组织结构具有重要的理论意义和现实意义。

（一）产权制度与组织结构

每一个行业的存在与发展都不是孤立的，都会受到社会制度环境的影响。产权制度涉及两方面，一个是停车企业的产权性质，另一个是土地的所有权性质。停车行业的组织结构设计也受到国家产权制度的影响。我国是世界上少数几个坚持以公有制为主体的社会主义国家，自改革开放以来，我国已由过去的计划经济体制逐步转向市场经济体制。由于我国的经济体制改革是渐进式改革，不可能一蹴而就，因此在市场经济体制中仍保留着计划经济的印记，与发达的市场经济体制相比仍存在一定的距离。鉴于以上原因，我国停车行业的市场化程度相对较低。

停车行业的产权结构直接影响停车行业的组织结构。在停车企业的产权性质划分方面，我国停车行业尚处于起步阶段，面临产权界定不清、提供主体不明、经营主体不明等问题。当停车设施具有公共产权属性时，停车设施属于国家所有，其提供主体是国家，易形成官僚制组织机构。虽然可以通过合同外包或特许经营的形式，转交给私人企业经营，其经营的组织结构可以是公司制形式，但是就目前来讲，停车行业组织结构单一、系统封闭、设计老化，不能很好应对城市的停车难题。首先，停车产业规划问题没有引起政府的足够重视，政府没有把停车行业纳入城市规划的范畴；其次，停车行业的市场化运作模式没有得到政府的支持与鼓励，政府既没有财政能力去支持停车行业发展，也不愿出台相关政策去刺激私人资本投资停车行业，更不愿放弃停车产业带来的丰厚经济利益，不愿以合资、合作、民营化的方式发展停车行业；再次，停车行业管理政出多门，要钱的多但是管事的少，权责不清。政府对于停车行业的诸多问题界定不清、态度模糊，使得停车行业不能也不敢开展政府没有明确许可的业务。由于停车行业业务简单，因此停车行业自身的组织结构设计简单、单一，缺乏创新。停车行业从上至下多数采取直线职能制结构，业务范围仅限于停车服务，缺少与其他行业的沟通、交流与合作，在管理过程中为了避免事端而组织职能交叉，使用单一的管理结构，不敢尝试新的管理手段和方法，缺乏使用人工智能设备来代替具体人类劳动的意愿。

在土地的所有权性质方面，由于我国停车行业的土地性质是公有，停车收费定价的市场机制尚不健全，价格杠杆未能发挥应有的调节作用，停车收费价格不能体现当前市场环境下的供求关系，一旦将资金投入该行业，就必须面对由于停车价格偏低导致资金难以收回的风险。同时，由于停车行业利润率较低，顾客车辆在停车场内发生损毁以及丢失财物时，为了逃避赔偿，其只能采取推诿责任的态度，留给顾客不负责任的企业形象，使停车行业的整体形象受损。土地的所有权性质也从另一个方面影响停车行业的组织结构。

（二）组织规模与组织结构

一般而言，规模小的停车管理公司宜采用直线制的组织结构；规模中等的管理公司宜采用由纵向直线指挥系统和横向职能管理系统组合的直线职能制组织结构；规模较大的停车管理公司则宜选择按产品或者地区划分、各自独立核算的事业部制组织结构。

我国停车行业巨头——阳光海天停车产业集团是中国停车资产管理的领航者，业务范围覆盖停车咨询、停车金融、停车地产、停车场规划设计、工程施工、智慧停车、运营管理、商业平台开发等领域，致力于提供完善的停车资产管理整体解决方案。其成立于2006年，总部设在北京，并在上海、广州、深圳、天津等20余个城市设有分公司，全国员工近5000人，管理团队近300人，业务覆盖35个城市，在管停车场近200个、服务车位15万余个，已形成全国性停车产业链与一体化网络，它为苏州东方之门、成都银泰中心和中央电视台新台址提供停车管理服务。阳光海天停车产业集团选择的是典型的事业部制的组织结构，它在北京设立总部中心，在全国的其他的地区设立分公司。事业部制是分级管理、分级核算、自负盈亏的一种形式，即各地区独立核算，独自安排本地区的业务，通过对当地的调查研究采取适合本地区的经营方案，而不像直线制的组织结构那样采取一刀切的方案来处理不同的具体状况。阳光海天集团的组织规模庞大，拥有近 5 000 的员工和 300 人的管理团队，这是其业务范围因素之外的影响因素，即规模因素，这种规模因素促使其采取了事业部制。事业部组织结构的设计安排可以使企业灵活高效地在其各自服务区内开展活动。相比之下，安庆振风停车公司作为员工不足 20 人的规模小、服务范围狭窄的地方性企业，却采取了直线职能制组织结构，公司设置办公室作为管理层，下辖工程科、巡卫科和财务科，形成完整的直线职能制组织结构，办公室进行日常的规划管理和业务安排，下辖的三个科室负责具体的运营活动，并进行基础的业务执行。由于其规模小、业务内容较为简单，所以直线制的安排可以满足其日常管理的需要，可以实现管理层对下级部门的有效领导，其职权明确，结构灵活，没有繁文缛节，可适用于简单动态的环境中。

（三）科技水平与组织结构

停车行业管理公司在为顾客提供停车服务的同时，其组织架构便由此而生，并依此而设。换句话说，组织的管理结构是受其工作内容影响的。而在其提供服务的过程中，科学技术发展水平是影响其组织结构的又一重要因素。当一个服务项目所要求的科学化、智能化水平达到一定程度时，其原有的组织结构就会做出适当的调整。停车行业目前在组织结构设计上主要是以人力为核心的部门设计，在停车场进出口安排人员负责收费与咨询工作，在停车场内安排人员进行巡逻，组成巡逻组负责场内的秩序维护工作。由于科学技术发展水平的限制，这些业务工作的顺利完成都需要由具体的人力来实现，所以停车行业组织结构中必须设计有停车场内秩序维护部门，这是我国停车行业受目前科技水平制约而应具有的结构安排。当停车行业科技水平实现高度智能化的时候，其组织结构设计就会发生改变，减少人工劳动的使用，将多个部门进行有效整合。例如，当进出口收费实现智能化、网络化，形成智能化收费系统时，其可以通过计算机、网络设备、车道管理设备搭建一套对停车场车辆出入、场内车辆引导、停车费收取进行统一管理的网络系统，并可以采集车辆进出记录、场内位置，实现对车辆的动态和静态管理。当停车场内的秩序维护实现了高度智能化，也就实现了全程智能车位诱导，通过智能车位探测技术获取车场的车位占用信息，在主要路口路段设置电子诱导牌，提醒车主哪里是停车区、有多少空车位，引导车主就近停车，减少车主寻找停车位置而浪费的时间，从而有效减少停车场内的拥堵和无效寻游，实现停车服务的低碳环保。当信息技术和科技水平达到一定的高度时，停车行业就可以减少人的劳动参与，采用科技设备，增加高技术人才的应用和复杂劳动的付出。科技水平提高之后，在组织结构的设计上可以进行整合，设计一个新的部门负责信息技术系统的工作，作为技术部来承担收费业务、车辆引导业务和安全监控业务，从而实现组织结构的简化和转变。因此，科学技术水平是影响行业组织结构的又一个重要的因素。

随着我国经济水平的不断提高，城市机动化水平的持续推进，机动车的保有量逐年增大，停车问题愈加严重。改革开放以来，停车行业在不断发展进步，其组织结构设计可以应对过去的停车市场需求，但随着停车需求总量的加大和停车需求质量要求的提高，目前的停车行业组织结构已不能满足今后的市场需求。组织结构的优化取决于管理理念、管理方式的有效组合，取决于市场化管理理念和高适应性的管理方式。停车行业的组织结构设计受到所有制性质、组织规模和科学技术发展水平三大因素的影响。在组织结构的重塑过程中，必须要重视这三个因素的影响。充分发挥其给停车行业组织结构再造带来的优势作用，规避其带来的消极影响。当前，停车行业组织结构具有较强的传统性和封闭性，缺乏创新机制和激励机制等制度安排，服务范围仅仅局限于解决停车难问题，对于与此相关的其他问题缺乏应有的考虑和应对方案，缺乏对未来停车行业发展的前瞻性。随着互联网时代的到来和计算机技术的高度发展，停车行业的智能化已成为该行业的重要发展方向。科学技术的发展及其应用促进了停车行业组织结构的变化，要求在组织管理中以高科技设备代替人力劳动，减少人力劳动的投入，增加高科技设备的使用，从而将多个需要人力资源的部门进行整合，形成一个具有高素质、高度智能化和具有较高科学技术水平的部门，从而节约组织的运营成本。通过高科技人工智能设备的使用提高组织运作效率，实现对组织结构的优化升级。停车行业组织结构需要更为合理的设计安排，需要设立对外沟通与合作的部门。也就是说，停车行业提供的服务不能仅仅限定在停车收费、车主入库自寻车位、寻车离开停车区等问题上，对于停车过程中的其他事宜，停车行业管理公司也应做出合理应对，这就需要在组织结构上做出合理的调整，设立与组织外的其他主体或者组织合作与交流的相关部门；行业组织结构要增强创新驱动能力，设立研发部门，在组织运营管理中学习并且寻找实现突破创新的机会，不断为组织的发展寻出路和找优势。停车行业的发展与进步对于未来城市的管理具有重要意义，可以缓解社会交通压力，并一定程度地减少社会冲突，保证社会稳定与和谐。停车行业组织结构的重新设计与安排对于整个行业的未来发展具有重要意义，在服务中学习，在发展中创新。

第五节　城市停车产业化政策体系

在我国很多城市，"停车难、乱停车"已经成为"城市病"的重要表现之一，对城市环境与交通秩序造成严重影响。为实现规范停车，以2015年七部委停车指导意见为引领，各部门、各地停车政策密集出台，对城市停车设施建设管理提到了有力的推动作用。总体上看，当前从中央到地方、从规划建设到管理运营的全方位政策体系已经基本完善，但在吸引社会资本进入、打通政策"最后一公里"、推进居住小区停车设施建设等方面尚存不足，需要从细化政策措施、严格停车执法、推动老旧小区示范、加强经验交流、健全工作机制等方面进一步推进落实。

当前，我国城镇化和机动化进程加速推进，私人小汽车保有量年均增速达 10% 左右，远超预期。由于各城市在制定停车设施规划时低估了机动化速度，"停车难、乱停车"近年来愈发严重，大量非机动车道等公共资源被挤占，对城市环境与交通秩序造成严重影响。为实现规范停车，2015 年 8 月，国家发展和改革委等七部委共同印发了《关于加强城市停车设施建设的指导意见》(发改基础 [2015]1788 号，以下简称《指导意见》)，提出停车产业化的基本思路。指导意见发布后，得到相关部委和地方政府的高度重视与积极推动，各部门、各地停车政策密集出台，2015 年也被称为"中国停车政策元年"。《指导意见》发布两年多来，从中央到地方、从规划建设到管理运营的政策体系迅速完善，对城市停车设施建设管理提到了有力的推动作用。

一、《指导意见》的政策导向、总体思路和建设重点

小汽车出行不是基本公共服务，政府来补贴建设停车位其实就是拿着所有纳税人的钱去补贴有小汽车的这一部分群体，这不公平、也不合理，停车所产生的费用理应由车主自行承担。为尽快解决历史遗留问题、引导社会资本投资，政府进行适当补贴引导社会资本投资是可以理解的，但问题最终的解决办法只有停车产业化。因此，《指导意见》以停车产业化为核心主线，即通过营造良好的产业化发展环境，引导社会资本特别是民营资本进入停车设施投资建设和运营管理领域，通过市场机制的调节来实现合理、规范和有序停车。

我国城市规划中对建设用地指标的要求为每平方公里 1 万人，城市用地开发强度高、人口密度大，多数大中城市均应建立以公共交通为主体的出行结构。因此，《指导意见》确立了"立足城市交通发展战略，统筹动态交通与静态交通，着眼当前、惠及长远，将停车管理作为交通需求管理的重要手段，适度满足居住区基本停车和从严控制出行停车"的总体思路，也就是通过增加停车位，加强停车执法，来实现良好的停车秩序。

《指导意见》强调，当前停车设施建设主要针对既有车辆的基本停车问题，适当满足刚性较强的出行停车需求，明确以"以居住区、大型综合交通枢纽、城市轨道外围交通站点 (P+R)、医院、学校、旅游景区等特殊地区为重点"，并在市场准入、土地、投融资、价格、装备制造、信息化等方面提出了具体要求，为停车产业化做了系统的顶层设计。

二、各部门各地推动落实情况

如果说 2015 年是中国停车政策的元年，那么 2016 年则是停车政策的腾飞之年，中央和地方层面相继出台了大量细化落实政策，为停车产业营造了良好的发展环境。《指导意见》发布后，经国务院同意，2016 年初，国家发改委出台《加快城市停车场建设近期工作要点与任务分工》(发改基础 [2016]159 号，以下简称《任务分工》) 和《关于印发 2016 年停车场建设工作要点的通知》(发改基础 [2016]718 号，以下简称《工作要点》)，其中明确了国家相关部委和各地城市政府的任务要求，并持续跟踪落实，有力推动了停车产业

化进程。

（一）部委层面落实情况

国家发展改革委通过发行停车债券和专项建设基金等方式，进行资金支持，并定期调查相关项目进展情况，确保了政策性资金的专款专用、合理使用；同时，将停车项目纳入重大项目库和 PPP 项目库，重点推进。

其他相关部委从城市停车规划、设计、建设、管理不同环节看，近两年均出台了相关政策。规划、设计方面，住房和城乡建设部先后发布了《城市停车规划规范》(GB/T51149—2016)《城市停车设施规划导则》(2015)《车库建筑设计标准》(JGJ100—2015) 等；建设方面，住房和城乡建设部发布了《城市停车设施建设指南》(2015)；管理方面，住房和城乡建设部发布了《关于加强城市停车设施管理的通知》(2015)，公安部出台了《城市道路路内停车管理实施应用指南》(GA/T1271—2015) 等。

在土地、投融资、收费、信息化等领域，也出台了一些专项政策。土地方面，住建部与国土部发布了《关于进一步完善城市停车场建设及用地政策的通知》(2016)，该文件是七部委《指导意见》中关于土地政策的细化，实现了两大突破：一是明确利用地下空间分层规划停车设施，二是明确停车场可以依法办理不动产登记。投融资方面，国家发改委出台了《城市停车场建设专项债券发行指引》(2015)，拓宽融资渠道、降低融资成本，支持停车设施建设。收费方面，国家发改委出台了《关于进一步完善机动车停放服务收费政策的指导意见》(2015)，核心原则是谁拥有产权，谁拥有定价收费权。信息化方面，公安部出台了《停车服务与管理信息系统通用技术条件》(GA/T1271—2016)。

总体看，以七部委共同发布的《指导意见》为引领，逐步形成了国家层面的停车政策体系，目前已经基本完善，个别领域还需进一步细化落实。

（二）地方层面落实情况

自 2015 年 8 月七部委发布《指导意见》以来，各省市和城市人民政府积极响应，纷纷出台了城市停车政策 (在七部委发布《指导意见》以前，部分城市已经制定发布了一些停车政策)。据不完全统计，至今为止，全国所有省市自治区 (不包括香港、澳门、台湾) 和 80 多个城市共出台了 150 多个停车政策文件。

在地方已出台政策中，有 42% 的政策涉及收费管理，19% 的政策以建设管理为主线，11% 的政策主要关注停车设施的运营管理。上述 3 类政策较多，主要是因为国家在这些方面已经有较为明确、具体的要求，相对容易落实。从政策细化角度看，对于项目推进过程中的具体问题，以及停车产业化的重点和难点问题涉及较少，特别是在简化和明确审批流程、吸引社会资本、加强停车执法、加强老旧小区停车设施建设等关键问题上。但也有部分城市出台了具有针对性的政策，例如北京市的《西城区居住区周边停车管理实施细则》《大连市停车位登记暂行办法 (2016)》《潍坊市住宅小区停车管理办法》《关于促进本市停车资源共享利用的指导意见 (上海)》等，这些政策均聚焦于停车设施规划、建设和管理过程中需要解决的具体问题，具有很强的可操作性，也体现出地方政府的政策创新。

除制定发布停车政策外，各地根据《任务分工》《工作要点》要求，重点开展了 4 方面工作。

（1）停车专项规划编制。目前，部分城市已完成停车专项规划工作，还有一部分城市正在规划过程中。总体看，绝大部分城市能够按照国家《任务分工》在 2017 年年底停车专项规划的编制。虽然从进度上看基本符合预期，但规划的质量、详细程度及可操作性，大部分城市还有一定的差距。

（2）停车资源摸底调查。绝大部分地方城市仍处于工作推进或方案制定阶段，即使部分省市提出已完成或基本完成，如江苏、宁夏、吉林、湖北、湖南等，大多是抽样调查或粗略调查。从目前了解的情况看，深圳市停车摸底调查工作的力度很大，投入的时间和精力很多，调查非常全面系统、深入，值得将其经验在全国推广。

（3）加快推动停车建设。各地积极开展停车设施建设工作，启动了一批项目。据不完全统计，2016 年浙江省已建成和在建项目 1 121 个，总泊位 46.5 万个；江苏省已建成停车项目 467 个，泊位 7.3 万个，配建停车场 686 个，泊位 28.5 万个；湖南省在建和拟建停车场 1 167 个，泊位数量 53.3 万个。

（5）停车信息平台建设。北京、上海、杭州作为停车信息化试点城市，信息平台建设工作起步较早，有了较大的推进，平台功能较为完善，已完成或基本完成平台建设工作。其中，上海市已完成 2 000 家公共停车场停车电子收费改造。除试点城市外，天津、江苏、吉林、甘肃、浙江、四川、安徽、湖南、山东等省市也具有较高积极性和推进力度，已开展停车信息平台建设工作。

三、当前存在的主要问题

（一）以国有资本和政策性资金为主，社会资本尚未有效进入

各地在推进停车设施建设过程中，当前主要依托城投公司为主体，申请专项建设基金和发放停车专项债券，社会投资主体和资本尚未有效进入，没有实现当初政策设想的"发挥政府投资的杠杆撬动作用、社会资本投资主力军作用"。导致这种状况的主要原因是当前还存在政策"最后一公里"问题，社会投资环境尚未完善，地方政府为了尽快推动工作，将建设任务安排到了城投公司。另外，为了保障资金安全等原因，当前国家层面的政策性引导资金，如专项建设基金和停车专项债券的发放，更多针对和面向各地城投企业，社会民间投资主体的信用评级难以达到相应的条件和标准。

（二）严格违停执法尚未到位，政策"最后一公里"有待进一步完善

当前，有许多资本高度关注停车产业，投资环境的改善远远重要于资金的支持引导。在投资环境改善中，严格执法非常关键。虽然当前各城市都存在严重的停车难，有巨大的停车需求，但由于执法不到位，乱停车现象严重，既有的社会停车场有效需求不足，收费

价格低，投资效益非常不理想。同时，当前停车产业政策自上而下，许多方面的政策"最后一公里"尚未打通。例如，国家层面的土地分层出让政策已经出台，但多数地方的实施细则尚未出台，仍无法操作；在国土部和住建部政策中明确提出停车泊位纳入不动产登记，但对于机械式和构筑物等不同的停车泊位应该进一步明确性质、进行更清晰的分类和界定，更有利于相关政策的制定；另外，对于所有权或经营权是否可以分割，是否可以转让、抵押或质押等都需要细化。

（三）项目以公共停车场为主，居住小区推进情况不理想

《指导意见》根据停车场的定位，确定建设重点为居住区停车，主要解决基本停车难问题。从目前各省开展的停车设施建设项目重点看，主要在于交通枢纽、广场等配套项目，虽然北京、上海等城市已经选择一些老旧社区进行试点示范，但迄今为止，真正成功案例并且可以推广的范式并不多。其主要原因除了在小区内很难找到合适的用地外，由谁来主导协调、如何组织小区业主对停车设施建设、权益的分配等达成一致更是一项复杂的工程。

四、下一步政策建议

（一）细化、完善政策措施，打通"最后一公里"

在资金支持与投融资政策方面，对于停车场建设专项债券发行和专项建设基金，研究通过加大城投公司与社会民间资本合作等模式，以更好涵盖民间资本，促进机会均等；同时完善推广运营权抵押、融资租赁等相关政策规定。在产权方面，尽快确定小区地上、地下停车位产权归属、类型、权利，明确机械式立体停车库的性质以及作为不动产登记的条件和政策。在土地方面，研究制定公共停车场用地供应的实施细则，对在划拨、出让、租地以及集体建设用地上建设公共停车场提出细化可操作的办法。

（二）严格停车执法，统一执法主体

针对乱停车现象进行常态化的严格执法，切实保障社会停车场的有效需求，在停车供不应求的条件下实现收费价格稳步提升，在整个城市形成良好、稳定的停车投资收益预期。切实落实《指导意见》中确定的"在新建乃至既有社会停车场周边，要逐步减少直至取消路内泊位"。在执法主体方面，抓紧落实城市工作会议和城市管理条件，将停车执法统一到城市管理部门，在人力不足条件下，可采取将执法权或取证权委托于第三方主体。

（三）推动老旧小区、PPP模式等试点示范

居住区尤其是老旧小区是停车设施建设的重点，但项目涉及利益主体众多，前期协调工作烦琐、难度大。各地有关部门积极推动试点，借助政府、居委会、业主委员会等多方力量，寻找社会利益、集体利益和个人利益最佳结合点，尽快探索出一套行之有效、可复制推广的工作协调机制。协调主体可由街道办或居委会牵头，部分业主委员会比较健全的小区也可充分发挥其作用。协调内容方面，除了项目选址形式以外，还涉及停车权益在投

资主体和业主之间、业主相互之间如何共享、分配、平衡等问题。另外，对于PPP的新模式需要加快探索，对于比较成熟的BOT模式加大推广。

（四）加强政策解读、经验交流和培训工作

《指导意见》已经发布实施一年多，在调研过程中，仍有很多地方对其中的内涵和精神理解不清、不透，这充分说明国家层面的政策需要面向政府、企业等不同层面，通过各种形式，加大政策解读力度。同时，在调研过程中，也发现很多地方进行很好的探索和尝试，有的经验可以相互学习和推广，如福建省明确并简化审批流程等。另外，如海南、山东、新疆等省份也提出，应对停车摸底调查的内容、形式、组织等开展相关培训并加强各地之间的经验交流。

（五）健全工作机制，持续将工作做细做实

从各地情况来看，领导机制越完善、部门分工越明确、配套政策越细化的城市，工作开展效果就越好，福建省、杭州市等就是比较典型的例子。因此，建议省级和市级人民政府积极组织成立推进停车设施建设工作领导小组，指定主管领导和牵头单位，各部门按照自身职能明确分工，将工作做细做实，包括将停车专项规划按照《指导意见》要求做好、具有可操作性，继续推进停车资源摸底工作和信息化建设工作，根据城市自身情况将各项政策的细化等。

总体来看，这两年多的时间内，我们的政策体系不断完善，投资环境不断改善。很多方面、很多城市做了很多有利的探索，停车的产业化已经有了一个非常好的开端。但目前停车设施建设工作在吸引社会资本进入、打通政策"最后一公里"、推进居住小区停车设施建设等方面尚存不足，需要从细化政策措施，严格停车执法、推动老旧小区示范、加强经验交流、健全工作机制等方面进一步推进落实。

第六节　中小城市停车场规划

为了保证中小城市当中停车场的规划以及建设完全满足居民需要，应认识到中小城市当中停车场的重要性，并能结合实际的中小城市特点以及停车场规划以及建设需要，制定科学的方案。本节就中小城市当中停车场的规划以及建设进行了分析。

在居民家庭经济实力普遍提升之后，中小城市拥有私家车的家庭越来越多，这在提升了人们生活水平的同时也增加了城市交通、市政方面的负担，一些路段以及小区由于停车问题而造成了交通拥堵，影响了人们的正常生活以及城市的发展。在这种情况下也就需要中小城市管理工作者能做好停车场规划以及建设方面的工作。

一、规划准备分析

（一）中小城市基本信息调查

现代中小城市的各方面建设工作已经逐步完善，中小城市当中的土地资源也越发的紧张，需要在使用相应土地开展基础设施建设的时候能协调好城市各方面的需要、注意到城市各方面的限制条件。因此在实际开展中小城市当中停车场建造的时候要做好前期资料收集方面的工作，避免由于资料收集问题而影响停车场设计规划工作的质量。

在中小城市当中停车场规划以及建设的前期，需要了解道路运输体系的具体规划、中小城市当中交通体系的发展规划、相应城市近期的建筑领域规划方案以及城市大范围内建设规划的具体方案等内容。这些方面的内容都会对中小城市当中停车场的建设质量产生影响，只有在掌握这些方面的具体情况，才能防止停车场的规划和城市各方面建设产生冲突。

为了让中小城市当中停车场的规划以及建设方案更加贴合中小城市实际需，除了上述基础性的内容外，还应能掌握相应中小城市的实际规模、城市人口总数、城市经济发展情况的以及各种规格车辆所占的比例。当将这些基础性的数据和城市整体规划数据相结合之后，就能更为清晰的掌握城市的对停车场的具体需要，保证中小城市当中停车规划以及建设的质量。

（二）停车场类型分析选择

在居民私家车保有量攀升条件下，中小城市当停车场数量也在增加，并且停车场的种类也在逐渐丰富。从当前停车场的类型方面分析，大致可以将现阶段的停车场划分为几种类型，也就是道路两旁画线类型的停车位置、建筑物建造设计中自建的停车场所以及城府修建的公共类型停车场，还有一些为不向社会提供停车服务的特殊停车场。这些种类各异的停车场基本覆盖了当前中小城市之中停车场的所有类型，并且每种类型的停车场都有其独特的优势，需要中小城市在进行停车场规划以及建设的时候能做好选择，保证中小城市当中停车场完全符合居民需要。

二、城市停车场系统规划理念

（一）停车场规划概述

随着我国汽车产业化的发展，城市汽车的剧增，与之相适应的城市停车场系统规划内涵已变得更为丰富，并将成为城市规划中一个十分重要的组成部分，引起社会各界的广泛关注。城市停车场系统规划应实施可持续发展战略，充分预测未来停车需求，确定总量控制下的规划建设，指导城市停车场系统建设走向有序发展，逐步培育形成良性发展的城市停车市场。

（二）规划工作与城市产业发展

停车产业在发达国家早已在产业结构中占有重要地位，随着我国汽车产业化的发展，停车业必将形成我国的产业，特别是区域交通发达的城市，具有发展物流业的得天独厚的条件，由此将刺激停车经济增长，并带动相关服务业的发展，形成新的经济生长点即城市停车产业。

（三）规划工作与城市人防工程设施建设

城市地下空间的开发利用具有广阔的前景，充分开发利用城市城下空间能节省大量土地资源，提高土地经济效益。

（四）规划工作与改善城市生态环境

停车场系统的合理规划、供需平衡将提高城市环境水平，从根本上避免由于"乱停车"使城市环境面临的各种后果。对于广场式停车场，通过对其环境的美化，场地的技术处理，使停车场地绿地化，既改善生态环境又提高城市景观质量。

（五）停车场的建设类型

1.面停车场地

它是指位于地面上的停车场有单层和多层（停车楼）、室内和室外之分。单层停车场分为露天和室内两种。露天停车场建造费用低，方便使用，但车辆要经受风吹、雨淋、日晒的侵害，无形损失较大，且不保暖，在北方冬季汽车不易启动。室内停车场（又称车库）多用于停放小型汽车，条件好的企业也用于停放大型汽车。其优点是可以保证车辆具有最佳的技术状况，车辆能顺利、迅速、安全地进出，及时参加营运工作，缺点是占地面积大，建造费用高。

2.地下停车场地

它一般位于地面之下，同样有单层和多层之分，通常建在公园、道路、广场和建筑物的下面，它具有如下特点：节省城市用地。假设露天停车场占地面积为1，地下斜道式停车场在占地面积可以小到0.15。停车容量大。美国某公园地下停车库共有3层，拥有2150个停车位。车库的设置位置灵活。

三、城市停车设施规划评价分析

（一）停车设施评价指标分析

城市停车设施的评价涉及很多方面的内容，它不单纯以满足停车泊位需求为唯一目标，而且必须考虑社会、经济、交通、环境和土地使用等方面的要求，走可持续发展的道路。因此，建立和完善停车场规划评价指标体系显得非常重要。

（二）城市环境效益指标

停车设施对城市环境指标的影响主要表现在其对噪声、废气以及对周围人文景观的影响上。影响因素又包括停车场的建造形式、停车场的位置布局、停车场与周围建筑群或公用设施的有机协调性等等。

（三）停车设施的服务水平评价

停车设施建设的直接服务对象是进入停车场的使用者，因此其服务水平的评价也应该从停车场使用者的角度考虑。对停车设施的服务水平评价主要包括区域停车场泊位需求的满足程度、区域停车者步行至目的地的平均距离、对停车场收费水平以及车辆停放的安全性等几个方面，其中区域停车泊位满足和步行距离对服务水平的影响更为突出。

四、停车设施配建标准

这段时期是我国社会经济飞速发展的时期，与停车相关的各种因素，比如国家的汽车工业的产业政策、城市道路产业政策和公共交通产业政策都在不断形成与完善，这些必将对停车配建指标的制定产生重要影响。不同国家和地区及国内部分城市的建筑物停车配建指标相互之间通常存在较大差异，这是因为各国和地区，各城市的经济发展水平、机动车拥有率、人口、城市交通政策等的不同而导致同一性质的建筑物停车产生率也不相同。

停车场是每一个城市都必须要进行规划发展的工程项目，特别是对于正在发展中的中小型城市来说，显得尤为重要。停车场的修建不仅仅是政府自身的所要仔细研究的问题，这也是社会力量以及全社会都需要积极参与到其中的问题，只有集思广益，并且将提议加以分析改良，才能够更好地发展停车规划，同时也能够促进公民自律意识，从思想的源头上来促进交通以及停车规划的改善。

第四章　城市停车治理研究

第一节　城市停车问题治理

近几年，随着我国汽车保有量的逐渐增多，停车场"一位难求"的现象越来越严重。鉴于此，总结了造成停车问题的主要原因，并根据国内外城市缓解停车难问题的理论研究和实践经验，分析影响城市停车问题的要点，提出建立综合停车管理体系、完善停车管理法规、提高违停查处的技术水平、应用集约化立体停车库以提高空间利用率、实行差别化的停车供应的治理对策，对缓解城市交通拥堵问题具有一定的参考价值。

随着我国社会生产力水平的提高，汽车这个原来的奢侈品逐渐进入了寻常百姓的家庭。家庭拥有的私人汽车数量增加使停车泊位变得供不应求，引发了许多问题。本节从导致停车难问题的主要原因切入，并结合国内外停车问题治理经验，提出治理城市停车问题的对策，以期为缓解现阶段的停车难问题提供参考。

一、停车难的主要原因

一是不同地块在不同时段都会有不同的停车需求，导致停车泊位利用率低。以北京为例，北京市城镇地区画线车位共约382万个，停车位需求共约384万个，供需差仅为2万个。但居住小区的车位226万比停车位需求320万少了94万，公共建筑的车位利用仅为39%。另外，停车场具有"小、散、乱"的特点，有围墙效应，目前还没有实现多个停车场停车泊位数据的共联共享。这就导致了停车资源在时间和空间上的不合理配置。

二是停车收费结构不合理。我国大部分地方的停车收费管理主要存在收费标准偏低、收费结构不合理的问题。以宁波的三江片区为例，三江片区路内泊位约8000个，其中2000个为电子计时收费，而其他6000个车位为免费停车，导致了路内停车时间过长而路外停车场利用率不高的问题。现有的收费标准并没有明显体现不同停车类型的差异，甚至在临时停放和室内停放上都没有明显差别。

三是城市停车主管部门不统一，各部门间缺乏有效协调。停车问题涉及部门较多，有的城市由交通部门牵头，有的是公安部门，有的是住建部门，有的是城管部门。而牵头单位也不能够对其他部门进行有效协调，在协调机制上存在着一定的问题，导致停车用地不足、缺乏有效的执法手段等。

四是企业间缺少停车的协力。停车是一个产业链，包括土地规划、停车场规划建设、停车设施的配建、停车场运营等。但目前，企业间"各自为政"的现象比较明显，在整个链条上没有形成合力。

二、国内外治理经验

（一）差异化停车配建

美国在过去一直提倡为机动车提供充足的停车设施。随着机动车数量的不断增加以及大城市中心城区交通拥堵问题的日益严峻，现在已经转变为根据具体的停车需求确定停车位配建数量，并通过停车需求管理调控居民出行方式的选择。美国的差异化停车配建的特点主要有如下 3 个：（1）重视停车需求调查研究，依情况制定适合本地区的建筑物停车配建指标；（2）配建指标分类不断细化，建筑类型分类不断细化，根据中心区和非中心区、居住和来访、工作日与非工作日等因素制定不同的配建标准；（3）根据外界条件变化及时修订停车配建指标，有的城市采取降低最小停车车位指标的方式，有的城市对中心区建筑采取设置停车配建指标上限的措施。

英国将停车配建指标分为两类：居住和访客，根据类型的不同配建不同指标的停车设施。荷兰与日本通过立法，将建筑物配建停车车位规定为公民义务。新加坡通过考虑建筑物的类别、区位等因素，针对不同区域的停车需求采取分区差异策略，在限制中心区停车弹性需求的同时，重点保证居住区的刚性停车需求。

另外，国内外大多数城市在规划 CBD 停车系统时，往往采用化整为零的方法。根据地块的用地性质和开发强度，将停车位分配到不同地块上，以避免造成 CBD 中心区域停车位过多，大量机动车涌入，停车位出入口出现严重的交通拥堵问题，而 CBD 边缘的地块停车位较少，却出现大量的空位。根据 CBD 区域存在多种性质的开发，而不同用地性质的停车需求时段存在很大差异的现象，有学者也提出了停车资源共享的观点，从而提高车位的利用率，并以此合理配建车位。

（二）差异化停车收费

伦敦的停车收费目标是控制停车位使用率在 85% 左右，不断保持空闲的停车位。在交通需求量大的地区，每小时停车费用为 7 欧元，而且在 9：00—19：00 最多只能停放 2h。市政府还安装了大量的停车摄像头，以监控违章停车、偷逃停车费的车辆，罚款金额也较高。

东京实行"购买自备停车位"，即车辆拥有者必须在购买小汽车前具备可供车辆停放的空间，否则不允许购买自用车辆。这个政策有效缓解了停车供需不平衡、违章停车的现象。此外，停车收费都是计时收费，并安装了配套的电子设备进行严格执法。东京城区的所有停车场都纳入停车收费管理，收费标准也根据地段不同而调整。在商业区，停车价格为 500 ~ 700 日元 /h，有的地区高达 800 日元 /h。东京停车管理的效果也相当显著，只有 10% 的私家车用于上下班的通勤出行。

美国联邦运输局于 1998 年对境内一些都市区进行了研究。研究表明，相对于直接提高公共交通的通达性和发车频率，停车收费是一种公共交通分担率更为有效的提升方法。有学者的研究表明，提高停车收费标准，对公共交通分担率的提升有显著的作用。当停车免费时，62% 的通勤者会使用自驾车出行，22% 会选择公交出行；而当停车费用提高到 6 美元 /h 时，46% 的通勤者会选择自驾车，50% 会选择公交出行。另一个对 CBD 停车选择的研究指出，时段控制对停车选择的影响仅为 3%，而停车收费的影响可以达到 97%，表明了停车收费会对居民的出行方式产生的巨大影响。

我国香港具有土地资源有限、人口密度高的特点，停车费用在 15 ~ 35 港币 /h 不等，并且在中心区域和黄金时段都大幅提高。而停车价格还会依照停车位的供需情况实时调整，因此即便停车位非常有限，香港也很少出现停车位供不应求的情况。

三、影响停车问题的主要因素

（一）居民收入水平和机动车拥有量

居民收入水平与机动车拥有量有密切的关系，当人均可支配收入达到一定值的时候，机动车开始成为人们首选的机动化个体交通工具。收入水平越高，对停车收费的承受能力也就越高，城市核心区域停车泊位的需求也就更高。

（二）用地性质和时段

城市中的通勤出行约占全部出行的 45% 左右，是交通出行的主体。通勤出行的时间相对固定，每次停车时间在 3 ~ 8h 之间，停车位置相对固定，一般会在办公类用地的 500m 范围以内。城市常见的非通勤出行行为有装卸货物、公务、购物、文化娱乐、看病、接送客、吃饭等。非通勤出行的目的地并不是固定的，具有一定可选择性，包括酒店类用地、商业类用地等。其中，酒店类用地的随机性最大，而商业类用地的停车时段，主要集中于工作日的傍晚和周末的 11 点以后。不同地块在不同时段都会有不同的停车需求。

（三）公共交通可达性

公共交通可达性是衡量区域公共交通服务水平和公共交通发展的重要指标，对机动车的出行需求有很大影响。大城市相对于中小城市有更大量的资金投入到公共交通建设，因此经济发展水平较高的城市往往具有更好的公共交通可达性。中心城区的交通流量较大，拥堵问题严重，而且往往会配备大容量的公共交通设施和较高的公共交通线网密度，居民小汽车出行需求和停车需求较低；而离中心城区距离越远，居住用地越稀疏，公共交通的覆盖范围越弱，居民小汽车出行需求和停车需求较高。

（四）停车设施

停车场有多种分类方式，按建筑类型分为地面停车场、地下停车库和地上停车楼。不同停车设施对土地空间的利用率不同，从而导致停车泊位数不同。

四、治理对策

（一）建立综合停车管理体系

通过纵向整合和横向整合两方面实现综合停车管理体系的建设。纵向整合是将规划、建设、融资、运营、评价等纵向环节进行垂直一体化整合，以保持停车设施在决策、规划、设计、建设和运营过程中责任主体明确并具有一致性。横向整合是指为解决停车设施在空间布局、资金筹集、执法等方面的问题，执法部门、建设部门、管理部门间的统筹协调。因为只有做到责任主体的明确和一致，并与其他相关部门有效协调，才能有效发挥对城市土地、交通等资源的整合作用。

（二）完善停车管理法规

目前，《中华人民共和国道路交通安全法》仅对机动车必须在规定地点停放作了规定。随着停车违法的种类和数量的增加，如不按规定缴纳停车费、超出规定时间的停车、私划停车位等，国家层面的法律法规需要在停车违法方面进一步明确和完善。

（三）提高违停查处的技术水平

进一步完善自动抓拍违停的技术水平，增大监管的覆盖面，对路内停车、居住区停车进行严格管理，开展重点地区的停车综合治理；建立立体治安防控体系，包括数据的立体防控体系等，实现数据在各部门间的实时交换，提高违停查处的效率。

（四）应用集约化立体停车库，提高空间利用率

重点针对城市老旧居住区、医院、学校、旅游景区、轨道交通站点周边P+R、综合交通枢纽等停车矛盾突出区域开展项目建设，积极发展房车营地建设，鼓励应用集约化立体停车库。此外，还应通过城市的边角用地、合理优化交通组织等手段增加用地空间。

（五）差别化的停车供应，加强需求管理

加强停车需求管理，实施差异化的停车配建供给和停车收费标准，是治理城市交通问题的有力手段。

在差异化停车配建方面，既要积极推进车位数量的不均衡供应，包括限制停车场的修建、制定停车配建高限或强制降低配建标准、减少路内停车、要求机动车拥有者自备停车位等，也要调整停车供给的空间分布，包括在停车换乘点附近建设停车位、禁止特定群体在特定时间段的停车等。

在差异化停车收费方面，要优化停车收费体系，包括增加路内路外停车费差距、增

加地面地下停车费差距等。在交通拥挤的区域，对不同区域不同时段实行不同的停车价格和标准，从而调节停车需求在时间与空间上的合理分布，促进停车供需在时间与空间上的均衡。

通过停车需求管理，提高用车者停车的时间成本和价格成本，降低机动车出行的便利性，影响车辆拥有者的出行方式选择和潜在车辆拥有者的购买决策，鼓励机动车出行转变为公交出行。

城市交通拥堵是一个复杂的综合问题，往往通过动态交通表现出来，而作为静态交通的停车恰恰是动态交通的源头。从静态交通入手，建立综合停车管理体系、完善停车管理法规、提高违停查处的技术水平、应用集约化立体停车库以提高空间利用率、实行差别化的停车供应，是治理城市交通问题的有力手段。

第二节　有限理性下城市停车路径优化

随着社会经济水平持续增长，汽车保有量呈现爆发式增长的趋势，城市停车问题日益突出。驾驶员行为分析是缓解停车难问题的关键，在停车交通网络中，停车场现有剩余车位数和停车所需的行程时间之间的随机性和动态性是最该交通网络显著的两个特征，针对这两个特征，本节通过对现有的研究成果进行总结，在停车路径优化的问题中引入排队论和博弈论，探索有限理性下的停车路径优化的方案。

有研究表明，在城市交通总出行量中，驾驶员用于寻找停车位所做的无效交通所占比例为30%。停车难问题对城市交通的影响和对资源的巨大浪费。鉴于目前中国车辆的使用情况，应考虑在不过度增加停车场运营成本的情况下，提升停车服务水平，优化停车流程，提高停车场的停车效率，有效改进管理和服务是亟待解决的问题。

一、现有研究成果

针对"停车难"问题，许多学者进行了相关研究并提出一些有效的改善措施。韩雪等对城市居民停车共享泊位选择行为进行探讨，以南京市鼓楼区为例，建立精度较高停车共享泊位离散选择 Logit 模型，能够有效地预测城市居民停车共享泊位选择情况，为进一步研究城市居民区停车共享泊位对外开放数量提供理论依据。宁洁对我国城市道路停车智能管理系统信息采集技术现状进行分析，然后对信息采集技术模式进行了对比研究，为实现城市道路停车领域的智能化、数字化、精细化管理，真正解决"停车难"问题提供了新的思路。而且现在室内停车场大多在停车位上方的天花板位置设置了感应式的提示牌，驾驶员即使隔着一定距离也可以判断出车位上是否有车。这一方法在很大程度上提高了停车场的利用效率和缩短了驾驶员的巡游路程。但是现有的研究对于驾驶员的决策选择方面的研究成果还比较匮乏，停车场的设备设施对于驾驶员在路径选择的过程中也没有给出良好的引导系统，特别是忽略了驾驶员的有限理性状态对路径选择的影响。

二、有限理性：驾驶员行为分析新方向

驾驶员行为作为停车问题路径选择决策的主体，是提高停车效率研究中不可或缺的模块。对驾驶员行为进行深刻细致的研究可以帮助我们探求真正解决停车难的问题。对于有限理性在停车路径选择上的应用，主要分为信息检索、选择集生成以及方案比选三个阶段，而驾驶员在做出决策时，对大量的影响因素无法进行综合考虑和理性判断。所以需要考虑有限理性在驾驶员停车路径选择决策中的干扰和影响。

（一）有限理性

阿罗最先提出了有限理性 (bounded rationality) 的概念，在他的阐述中，人的行为不仅是有意识的理性行动，同时这种理性又是有限的。一方面是因为在复杂的环境中，在非个人的信息交换过程中，人们面临的世界是复杂的、不确定的，随着交易的增加，不确定性和信息不完整性也在随之增加；第二个方面是人对环境的计算能力和认识能力是有限的，没有人能做到全知全能。此后，西蒙继承该理论基础上提出了"有限理性"概念，认为人不是完全理性的，而是介于完全理性与非理性之间，并且称该状态为"有限理性"状态。

可是现实生活中实际情况并不是完全理想的理性状态，驾驶员在选择停车路径的时候并不能完全掌握路网信息，在选择路径的时候也是"有限理性"的状态，并不符合现有研究中关于人们交通选择行为的解释。驾驶员在进入停车场寻找车位的过程中，由于车位信息的不明确，使得人们发现位置较差的车位时面临直接停车或寻找可能存在的位置更好车位的抉择，从而导致车辆迅游，引起不必要的时间与资源的浪费。产生这种博弈的原因除了停车场信息对于驾驶员的不明确外，更多是人类的有限理性。

（二）结合博弈论和排队论的驾驶员行为分析

李振龙基于演化博弈理论，对诱导情况下驾驶员的交通选择行为进行了分析。该研究认为出行者面对诱导信息时存在学习现象，并用演化模型的方法从群体角度分析了出行者的选择行为，通过仿真方法验证了出行者的选择行为是可以收敛到一种稳定状态的。关宏志等运用演化博弈理论建立了出行者交通选择行为模型，分析了多条路径路网的均衡稳定性条件，并运用进化稳定的标准，找到了各种路网存在唯一的进化稳定状态的条件。基于数学归纳法的思路，证明了进化稳定状态与用传统的交通分配理论和随机效用理论所得出的均衡状态是完全等价的。

面对停车问题，驾驶员们都不是独立的，而是停车交通网络的构成环节，驾驶员们的选择结果相互影响，而停车设施中车位使用状况是由进入该停车区域的车辆驾驶员的选择结果共同作用形成的。由于驾驶员在选择路径时掌握的出行信息是有限的，据此并不能准确地掌握其他驾驶员的选择和停车场内车位占用的实际状况，这种状况更符合有限理性条

件下的演化博弈理论所讨论的状态。这就为我们在停车路径选择优化研究中引入有限理性和博弈论提供了前提条件。

在停车路径选择中，车辆之间以先后顺序存在排队的现象，符合排队论的使用条件。有研究者在中国的医院排队系统中融入了排队论，发现对整个医疗系统的效率有一定程度上的提高。运用类比法可以发现，停车场的停车路径选择和医院排队系统有很多共同点，运筹排队论在医疗系统的显著效果也为我们将其运用于停车路径优化提供了参考案例。

三、基于驾驶员有限理性下的停车路径优化方案

提高停车效率的关键在于改善人的有限理性在停车过程中的影响。针对环境限制所导致的停车活动中信息的滞后性问题，可以考虑利用无线传感网络技术采集停车场内的状态信息，经处理后将结果呈现在客户端，实现信息高度对称，从而减少驾驶员非必需的博弈。在停车场内布置无线传感网络采集停车场内的实时数据，包括停车场内路线分布、停车位布局等静态信息以及停车位使用率、停车位使用分布等动态信息。停车管理子系统需具备停车位基本信息数据库，包括车位适用车型、是否收费、限定使用时间等信息；用服务器对无线传感子系统收集到的信息进行数据处理，结合数据库信息以及 Android 智能停车诱导系统客户端信息，综合驾驶员提供的停车需求以及停车场内状态信息，为停车者选择合适的停车位以及到达该车位的最优路径。同时获取停车者场内车辆流动状态的实时信息，可以让泊车者在停车路径上避免拥挤通道，有效降低驾驶员之间的相互干扰。实现驾驶员和停车位之间信息的高度对称，做出停车场内最近车位的选择和最短停车路径的规划，并将这些工作的最终成果反映到客户端上。且在地下停车库等封闭场所，可以推广使用灯光引导系统，提高行车效率及安全性。而驾驶员只需要在客户端上根据自己的需求获取引导服务，直接根据系统提示路径行驶即可到达停车场内能提供的最优车位。

在快速信息传递技术的支撑下，在停车场内应用该智能停车引导系统，各子模块之间通过信息交互，能够避免泊车者在停车时发生低效巡游，提高停车场的运行效率以及驾驶员的人性化体验。

四、发展机遇和优势

造成停车效率低的根本原因是信息的不对称，停车场的实时停车余额信息和用户主观上对于停车信息的猜测存在严重断层，导致驾驶人在有限理性下，在停车路径的选择上存在资源和时间的浪费。5G 时代的来临，给停车问题带来了新的机遇和技术支持。高速的网络给信息的传递提供了更好的传输环境，提高了速度和准确度。有学者研究表示，通过 5G 切片、边缘云等网络能力来满足交通行业低时延、高可靠和大带宽的业务需求。我国现在的 5G 技术走在国际前列，面对高速提升的科技水平，应该准确把握时代提供的机遇，基于 5G 高速网络，研发手机 App，运用检测器以及处理器等相关系统，实现停车位和用

户的网状联系，达到交通信息化，真正实现"交通强国"的美好愿景。

第三节 城市停车选择行为研究

回顾近 20 年停车选择行为的既有研究成果，从研究方法、影响因素两方面总结了国内外的研究现状及存在的问题。指出既有研究方法多采用非集计模型建模，忽视了该模型"完全理性人"假设的缺陷和不足；影响因素主要关注停车收费、停车便利性对停车选择行为的影响，针对违章停车的惩罚因素缺乏深入的量化分析；在智能交通飞速发展的背景下，基于停车诱导信息系统的停车选择影响因素研究依然停留在排队车辆总数、总行程时间等宏观因素，较少关注融入停车者主观偏好的微观因素；研究区域多集中在中心商业区，而对于具有刚性停车需求且停车资源匮乏的居住区的停车选择行为研究不足。最后提出了停车选择行为的研究趋势和方向，旨在为城市静态交通的规划及管理提供新的思路和方法。

近年来随着我国社会经济的迅猛发展，机动车保有量急剧增加，交通需求呈现持续快速增长趋势，然而静态交通设施的建设速度却远低于交通需求的增长速度，由此带来的停车难问题受到越来越多学者的关注。已有研究提出了多种解决停车难问题的方法，如增加停车泊位供给、限制或调整停车需求、提高现有停车设施的利用效率等。实践证明，深刻理解停车选择行为是科学有效地解决停车难问题的基础。

停车选择行为主要是指停车者对停车地点的搜寻和对停车设施的选择，它与个人、家庭的社会经济特性、出行特性以及停车设施特性等因素密切相关。此外，停车习惯、环境等不可直接观测的因素也影响着停车选择行为。分析停车者的停车选择行为，掌握城市不同区域的车辆停放规律，不仅可对特定区域停车需求进行准确预测，还可为管理者实施有效的停车管理措施提供理论指导和依据，有利于停车设施的合理规划布局和高效使用管理，从而有效缓解城市停车难问题。目前，尽管国内外学者对停车选择行为进行了大量研究，但全面阐述停车选择行为研究的综述性文献相对较少。本节从停车选择行为的分析方法与模型、停车选择行为的影响因素两方面阐述了停车选择行为的研究现状及存在的问题，最后探讨了停车选择行为的未来研究方向，旨在为城市静态交通的规划及管理提供新的思路和方法。

一、停车选择行为的分析方法与模型

（一）描述性统计分析方法

描述性统计分析方法是通过调查获得停车选择行为的相关数据，并对调查结果进行统计分析的方法，在早期的停车选择行为研究中最为常用。描述性统计分析方法可以直观地反映出停车者的行为特征，此外，通过相关性分析、敏感性分析等方法，还可以定量地把握停车选择行为的影响因素和机制。

（二）多目标决策方法

多目标决策方法是按照某种规则对包含多个属性的多种方案进行选择和排序的数学方法。在停车选择行为研究中，多目标决策方法主要有层次分析法、多目标群决策和多目标模糊决策等，评价指标的权值通常利用主观赋权法和客观赋权法确定。郭雅以停车后步行至目的地的距离短、停车费用低、停车场有空余车位、停车场使用方便、去往停车场的交通顺畅为目标，利用主观赋权法计算指标权重，采用层次分析法综合评价了停车场的优劣顺序。季彦婕等以停车后到达目的地步行距离最短、停车场有效停车泊位数最高、停放成本最低、由停车设施类型判定的停放安全性最高、驾车至停车场行驶时间最短为优化目标，采用模糊偏好法提供候选停车场的排序决策。粟周瑜等由重庆南坪商圈的调查数据建立了驾驶员使用最便利、步行时间最短、出行成本最低的多目标多约束停车选择模型，并利用主客观赋权法与基于距离熵的方案优劣排序法计算模型备选集。

然而，确定权重的主观赋权方法虽然简单，但人为因素太强，客观赋权方法又过于依赖样本，存在忽视评价指标主观定性分析的缺点。基于此，王强等在研究停车者的停车选择行为时提出采用熵权法，利用指标变异程度的大小来确定客观的熵值以及权重，既避免了主观评价带来的偏差，也比较容易实现。此外，陈峻等利用启发式算法求解了以驾驶员使用最便利、停车场可达性最强、出行停放成本最低为目标的车辆停放选择模型，最后得到了多个满足约束条件的合理停车方案。

（三）非集计模型

由于描述性统计分析方法不能同时考虑多因素对停车者停车行为的综合影响，而多目标决策方法往往在权重确定上存在一定问题，如主观赋权法对各评价指标赋予权重时，不同研究者主观判断存在差异，评价结果会产生偏差等，因此，部分学者采用基于期望效用理论的非集计模型研究停车者的停车选择行为。期望效用理论认为每个出行个体在备选方案既定情况下都会选择效用值最高的备选方案，即遵循期望效用最大化假说。相对上述两种方法，非集计模型一方面能够较为全面地考虑停车者停车选择的各方面影响因素，尤其是将停车者的个人特性影响因素引入模型，提高了模型的预测精度和实用性，另一方面也规避了由主观评价带来的偏差。此外，非集计模型还具有结构简单、对样本容量要求较小、建模结果说服力强的特点，使其在停车选择行为的研究中应用最为广泛。

基于非集计模型的停车选择行为研究多采用多项 Logit 模型（Multinomial Logit Model，MNL），该模型是以 RP 调查（Revealed Preference Survey）和 SP 调查（Stated Preference Survey）的数据为基础，假设各停车选择方案的随机误差项相互独立，通过最大似然估计法得到各影响因素的参数值，预测停车者的停车选择行为的数学模型。此外，用于停车选择行为研究的非集计模型还包括两项 Logit 模型（Binary LogitModel，BL）、Logistic 模型（Logistics Model）、嵌套 Logit 模型（Nested LogitModel，NL）、混合 Logit

模型（Mixed LogitModel）、Probit 模型（ProbitModel）等。

二项 Logit 模型与 Logistic 模型有同样的数学形式，前者通常用来解决两种停车选项的决策问题，如地面、地下停车场的决策问题，后者通常用来解决停车选项大于两种的决策问题，如关宏志等根据北京西单地区的调查数据，建立了三种停车时长选择的 Logistic 模型。

嵌套 Logit 模型由于纳入了选项间的相关性，常被用来解决层级式的停车决策问题。Waerden 用嵌套 Logit 模型构建了两层决策模型：顶层模型用于停车带的决策，底层模型用于所选停车带的停车位决策。

混合 Logit 模型克服了传统 Logit 模型的随机偏好限制和 IIA（Independent from Irrelevant Alternative）特性，能够清晰地表达个人的偏好信息，是一种具有高度适应性的模型。Ibeas 等以英国城市中心区为研究区域，考虑驾驶员异质性，发现除了停车费用、车辆年龄是影响停车选择行为的关键变量外，相对于车辆年龄大于 3 年的驾驶员，车辆年龄小于 3 年时驾驶员更愿意将车辆停放在安全性较高的停车场。张戎等通过比较多项 Logit 模型和混合 Logit 模型，也揭示了停车者对停车费用的态度存在异质性，并指出混合 Logit 模型精度高于多项 Logit 模型，具有更强的解释能力。

Probit 模型是非集计模型中的另一类常用模型。相比 Logit 模型，Probit 模型的算法复杂，但拟合精度较高，也有个别学者建立了基于 Probit 的停车选择模型。

（四）其他方法及模型

采用非集计模型研究停车选择行为的优点主要在于可以灵活地纳入多种解释因素，从微观行为推导宏观效果。然而，基于期望效用理论的非集计模型关于决策者"完全理性人"的假设认为所有决策者都是理性的，有相同的喜好，具有完全的信息，也就是说每个决策者都可以随时获得任意停车场的客观信息，可以准确地判断出最优停车方案，同时所有的决策者对停车属性有相同的偏好。显然，这只是一种理想状态，与现实存在较大的差异。在早期研究所采用的简单决策环境下，人的行为似乎符合期望效用理论，然而决策环境引进少量复杂因素时，实际行为与期望效用理论的预见明显出现了种种背离，阿莱斯、艾尔斯伯格悖论（The Allais and Ellsberg Paradox）说明了决策者真实的行为表现并不符合"完全理性人"假设，违反了期望效用最大化假说。鉴于此，一些学者从前景理论、可能性理论、仿真模拟、贝叶斯网络等角度分析了停车者的停车选择行为。

前景理论是从人们实际决策行为出发来研究人的行为，该理论符合有限理性人"面临收益趋向于风险规避，面临损失时趋向于风险追求"的观点。王志利、畅芬叶等采用前景理论描述了在信息掌握不完整，个体存在认知、偏好差异的情况下的驾驶员停车选择行为，最后利用多智能体仿真软件 Starlogo 对停车选择行为进行了仿真实验，评价了不同情景下的停车管理政策和措施的效果。

可能性理论是指在内外因共同作用下，预测研究对象未来发展趋势和状况的一种理论。

Dell' Orco 考虑了驾驶员感知信息的不完全性，包括交通系统状态和停车场的不确定性，利用模糊集表示驾驶员的感知停车费用，基于可能性理论建立了不确定条件下的停车选择行为模型。

贝叶斯网络是基于概率的不确定性推理方法，即通过一些变量的信息来获取其他概率信息的过程。宗芳、李志瑶等建立了停车行为分析贝叶斯网络，应用联合树推理引擎推断在出行目的、停车费率等因素影响下停车行为的变化。

随着科学技术的迅猛发展，仿真模拟技术因其计算精度高、使用方便、修改参数容易、自动化程度高等优点，备受学者的青睐。Bonsall 利用停车选择模拟器 PARKIT 对停车选择行为进行研究，通过模拟器观察驾驶员停车选择经验的积累以及路边停车信息的更新对停车选择行为的影响。Tatsumi 在考虑城市停车诱导信息系统（Parking Guidance Information System）的作用的基础上，利用麻省理工学院开发的微观交通仿真器对日本福冈市中心区停车行为进行了研究。易昆南等研究了随机动态交通网络中出行者的停车选择行为，建立了供需相互作用下的不动点拟动态停车选择行为模型，并基于 Monte Carlo 模拟方法来求解该模型。

二、停车选择行为的影响因素

（一）停车费用

近几年，停车费用已成为国内外学者研究停车问题的重点，其中一个重要的原因是停车费用可以直接影响停车者的停车选择行为：停车费用越高，停车者选择该停车场的可能性越小。因此，一些城市把调节停车费用作为抑制商圈停车需求的重要措施。Hensher 等利用悉尼商务区的调查数据模拟了中心商业区停车者对停车费用的敏感度。

停车费用的支付主体不同，停车者对停车费用表现的敏感度也不尽相同：停车者作为停车费支付主体时，若其他条件相同，停车费用越高，该停车场的利用率越低；停车者不是停车费支付主体时，即停车者的停车费用可以报销，停车者对停车费用的敏感性则明显降低。

目前，也有一些研究显示停车者对停车费用不敏感，即停车费用对停车者的停车选择行为影响不显著，这可能是由于研究区域的停车收费制度不健全，停车费用在民众可接受的价位之内。

随着小汽车拥有量的持续快速上升以及公务车辆的改革，停车收费对停车需求的调节作用势必会逐渐凸显。因此，停车收费对停车选择行为的影响不容忽视。

（二）停车后步行距离／时间

通常情况下，停车者希望选择停车后至目的地步行距离较短的停车场，然而，也有部分停车者更愿意选择步行距离稍长而停车收费相对便宜的停车设施。已有国外学者研究了步行距离和停车价格之间的关系，甚至制定了两者之间的转换标准。日本学者通过研究表明，多数出行者为了节省 53 日元 /h 的停车费用，而愿意选择相对更远 100m 的停车设施。

一般停车设施的理想服务范围在 200m 以内，即步行时间大约为 3 ~ 5min；最高不宜超过 500m。但是，因出行目的和停车时间的不同，停车者可以忍受的步行距离也不尽相同：当出行目的明确单一时，例如上班、就餐等，停车者可忍受的步行距离较短；当出行目的较为宽泛，例如购物、娱乐甚至没有明确的目的时，停车者可忍受的步行距离较长；随着停车时间的增加，停车者可以忍受的步行距离也会随之增加。

停车后步行距离 / 时间对停车选择行为的影响还表现在停车巡航行为上。由于城市路内停车的方便程度高于路外停车，因此停车者在选择停车设施时倾向于首选路内停车，而停车者为了获得更理想的停车后步行距离 / 时间则会增加巡航行为发生的可能性。因此，停车后步行距离 / 时间也是影响停车选择行为的重要因素。

（三）行程时间

行程时间指驾驶员从出发地到完成停车所用的时间，包括了路段行程时间和停车泊位搜寻时间，因此停车者选择不同的停车设施必然产生不同的行程时间，特别是在目的地周边停车设施分布较为分散的情况下。Lambe 对到达温哥华市中心商业区的 5 000 名驾驶员的停车选择行为进行问卷调查后，发现步行时间的价值约等于 6 倍行程时间的价值，即停车者愿用 6min 的行程时间来交换 1min 的停车后步行时间。

（四）违章停车处罚力度

在停车者决定路内违章停车或者选择停车场停车时，违章停车的执法力度是停车者考虑的最为重要的因素之一。当前路内违章停车现象严重的主要原因是违章停车处罚力度不能真正反映违章停车行为的社会成本。

西方经济学家从经济学的角度剖析了违章停车行为，剖析内容包括违章停车引发的社会成本、影响违章停车罚单数量的因素、违章停车的最优处罚标准等。国内学者李王鸣等利用二项 Logit 模型分析了浙江省衢州市中心区的停车者对违章惩罚标准的认知和对违章停车的态度，结果发现 90% 的理性人认为收到罚款是严重的事，且多数人对现有违章停车惩罚标准非常清楚。袁华智等将违章停车作为停车选项进行研究，结果表明停车场收费时，西安市中心区居民更倾向于选择免费停车场和违章停车。

（五）外部信息

外部信息主要包括外部提供的交通系统现状及停车系统的现状描述信息和预测信息。描述性交通信息是指对道路交通状况及停车环境的概括性描述，例如交通拥挤阻塞、排队长度、停车场周围路况、停车场饱和度等。

目前我国大部分城市的描述性信息通过广播或道路交通指示标志提供，也有个别城市如北京、上海等，通过城市停车诱导信息系统以及停车 APP 等提供。Thompson 等研究了停车诱导信息对车辆停放选择的影响，以停车场排队长度和车辆出行的车公里数最小为目标函数，提出诱导信息显示的最佳配置策略。胡列格等以区域内信息板显示周期内排队车辆总数和总行程时间最小为目标函数，基于最优组合的信息显示组合方式来实现系统的最大诱导效益。梅振宇等以总行程时间最小为目标函数，通过最优组合的信息显示方式发挥停车选择的诱导作用。停车 APP 可以提供连续的停车场动态信息查询、预约车位、导航、电子缴费等一整套停车解决方案，与传统的停车服务相比，在服务区域和内容上都拓宽了广度，是出行者出行前停车选择的智能助手。但目前基于停车 APP 的停车选择行为研究较少，学者们尚未发掘智能交通停车系统下的传统停车习惯改变的停车选择行为建模方法。

（六）其他因素

除上述因素外，影响停车选择行为的因素还有停车者的停车经验、停车设施的类型、停车设施的安全性等。

驾驶员出行前，在信息缺失的情况下会凭借以往的停车经验做出停车选择；在掌握备选停车场部分信息的情况下，结合当前条件和信息，也会考虑以往停车经验来引导本次的停车选择。

不同类型的停车设施在停车安全性、停放便捷性等方面存在差异，停车者通常依据自身喜好、习惯，有偏向性地选择停车设施。

停车设施的安全性在夜晚尤其重要，随着停车时间的增长，停车设施的安全性逐渐成为停车者停车选择的首要影响因素。

三、停车选择行为的研究方向

（一）停车选择行为的研究方法问题

从简单的描述性统计分析方法到考虑停车者主观偏好及多因素影响的数学模型方法，停车选择行为的研究方法日渐成熟。当前，基于期望效用理论的非集计模型是学者们研究停车选择行为的主要手段，但其"完全理性人"的假设条件并不符合现实情况，有限理性及不确定性行为决策理论考虑了出行者的偏好意愿及信息的不确定性，能够更为准确地描述停车选择行为。此外，未来停车选择行为的研究方法也对模型相应求解算法提出了新的挑战。

（二）违章停车行为问题

部分停车者交通意识淡薄，无视交规占用道路、绿地资源随意停放车辆，不仅降低了车辆的通行效率，也使得道路交通拥挤、秩序混乱，容易引发交通事故。目前，城市违章停车现象屡禁不止，一方面由于停车场规划、建设力度不够，另一方面是由于禁停标志设置不明显，宣传教育不广泛，管理不严、整治处罚力度低。既有停车选择行为研究通常仅考虑违章停车处罚力度这一影响因素，且仅对其进行定性分析，缺乏深入的量化分析，因此量化考虑违章停车处罚力度，同时纳入违章停车行为的其他相关影响因素的停车选择模型将是未来的研究方向之一。

（三）停车诱导信息系统和停车 APP 问题

目前国内停车诱导信息系统建设尚处起步阶段，提供的诱导信息主要包括区域内的停车场位置、名称、收费情况、距离、停车场剩余空车位数的实时显示等，还未形成大规模的应用，诱导标志设置不充分，结构层次性不突出，停车信息诱导作用不强。此外，停车选择过程的主体是停车者，既有停车诱导信息系统下的停车选择模型在因素选取和模型构建中很少融入停车者的主观偏好，对各个因素也缺乏深入分析。未来研究可以在信息板设置和停车资源的充分整合方面进一步完善，模型构建时可以纳入停车者的主观偏好。

停车 APP 现如今不仅能提供实时停车导航服务功能，显示停车场位置、停车价格、场地车位数及剩余车位数等，还可以提供智能缴费功能，极大地方便了出行者。然而，停车 APP 目前仍处于发展初期的探索阶段，信息覆盖面有限、实时准确度欠佳。未来在大数据支撑的智能停车系统下，如何改变出行者传统的停车习惯，将成为停车选择行为研究发展的主要趋势。

（四）居住区停车行为问题

近年来，随着城市机动车保有量的急剧增加，居住区停车难问题越显突出。大部分老旧居住区由于历史原因停车泊位供给明显不足，新建居住区配建泊位数虽有改善，但与日益增长的机动车保有量仍无法匹配，城市居住区停车难问题亟待解决。既有研究多针对城市中心商业区，对居住区的研究较少，而居住区的刚性停车需求与中心商业区的弹性停车需求显著不同，通过调整停车收费等措施可以有效限制中心商业区的停车需求，但并不能抑制居住区日益增长的刚性停车需求，故中心商业区的停车管理政策并不完全适用于居住区的停车管理。如何制定有效的居住区停车管理政策，以及如何增加居住区停车供给以满足居住区日益增长的停车需求，是重要的研究内容之一。

分析并掌握停车行为与特性是合理规划停车设施、有效制定停车管理政策的基础。本节通过总结停车选择行为的既有研究成果，明确了停车选择行为的研究方法，并初步探讨了各类模型方法的研究情况及存在的优缺点。在停车选择行为的影响因素方面，既有研究主要关注停车收费、停车便利性对停车选择行为的影响，并开始逐渐关注违章停车处罚力度、外部信息的影响。

城市停车系统本身具有动态性和随机性特征，停车者的冒险型人格及侥幸心理加剧了其违章停车行为的可能性，导致智能交通飞速发展背景下的停车者停车选择行为仍存在许多需进一步探讨的课题，研究区域也不再局限于中心商业区。本节进一步提出了停车选择行为研究的 4 个主要方向，包括：停车选择行为的研究方法问题，违章停车行为问题，停车诱导信息系统和停车 APP 带来的传统停车习惯改变问题，居住区停车行为问题，以期为解决城市停车难问题提供更加合理有效的方法和理论依据。

第四节　国内外城市停车系统相关策略

受土地资源、人口增长因素影响，停车难、乱停车等现象日趋严重，尤其是在大中型城市中更加明显。为了更好解决城市停车问题，国内外已展开相关方面内容研究，并对城市停车问题进行深入剖析，从停车系统策略方面提出改善城市停车问题的策略。国内外针对城市停车系统策略研究方面侧重点有所不同，国外侧重于城市功能区划分，分析不同功能区停车系统问题及针对不同功能区的停车问题制定相对应的停车系统发展思路；国内更侧重于停车系统的管理机制体制，通过完善机制、加强执法、完善停车收费准则及规范停车经营主体等方面制定相关停车策略。文章基于此展开了研究。

城市机动车保有量的急速增加，导致城市交通停车问题日趋严重，为更好解决城市停车问题，国内外学者在此方面已展开相关方面研究。国内外针对停车问题的改善主要从停车需求预测分析、停车管理、停车供需平衡、停车设施规划等方面开展研究，通过需求分析制定合适的停车设施规划方案，从而得到合理的停车系统的发展策略，改善城市停车问题。其中，王宇选择中小城市作为研究对象，由中小城市的交通特性，对停车需求进行预测分析，通过预测结果对停车供需平衡进行判断，以此结果作为未来停车规划建设的依据。易骞从多角度分析城市面临主要的停车问题现象，并从现象着手分析停车问题出现的主要原因，将原因与问题相结合提出针对问题解决的策略与建议。虽然国内外针对停车问题的改善从各个方面提出相应的研究成果，但是在停车系统策略方面研究成果的缺失，致使城市停车问题不能从根本上得到改善。由此，文章通过对国内外城市及地区停车系统策略展开调查，并从国外和国内所采用的停车系统策略总结分析，以此为基础制定出与城市实际停车发展状况相对应的、科学合理的停车系统策略，以便更好地解决城市停车问题，提高城市停车效率。

城市停车问题是各国面临的普遍问题，国内外城市在治理停车问题中存在一些共同之处，比如在停车场的规划管理中，以发展配建停车场为主、以路外停车场为辅、以路内停车场作为补充，形成合理的停车管理体系。在停车泊位供给中实行差异化供给策略，在城市中心区和城市外围配建不同规模的停车泊位。在停车收费标准中采用差异化收费策略，在一天内的不同时段，城市内的不同区域实行不同的收费标准。除此之外，各个国家在解决城市停车问题中也有其各自的特色之处，本研究选取了国内外的几个城市作为研究对象，对其停车策略进行如下研究。

一、国外城市停车策略

（一）首尔市

首尔市制定的停车策略主要集中于居住区和中心城市区，居住区考虑停车环境问题，完善停车制度；中心城区则侧重于停车需求因素，从需求角度制定停车策略。

（1）改善居住区停车环境：提升居住区停车设施的配建标准；完善居住区停车制度，建立车位登记备案编号，规定居住者可优先停车，非居住者需额外缴纳停车费用；利用居住区周边边角区域，建立分散停车区域，在无须建设大规模停车区域前提下，满足居住区的停车需求。

（2）中心城区停车需求管理：中心城区受到车辆较多、停车资源较少等因素影响，因此，为保障中心城区的停车水平，需从停车需求角度出发，制定合理的停车需求管理策略。具体来说，中心城区受到土地资源的限制，无法提供充分的停车供给能力，因此，需要对该区域停车需求进行合理限制调整，如制定了有限停车供给制度，限制车辆驶入核心地带等策略。对中心城区分块化管理，针对不同分块的拥堵状况分别制定合理的停车需求策略，如拥堵区通过增加停车费用抑制停车需求，非拥堵区通过降低停车费用提高停车需求。

（3）严格治理违章停车：无论是在居住区还是中心城区制定的停车策略，都需要一定的制度保障，对违规停车进行严格治理。如确定停车违章较为严重的区域，进行重点有效治理；制定违章停车级别标准，并要求市民参与停车治理，从而提高违章停车治理的实效性。

（二）新加坡市

新加坡市仍然从居住区和中心商业区两方面制定合适的停车策略，居住区提出了拥车停车策略，要求有车必有位，保障居住区停车供需的基本平衡；中心商业区则提出用车停车策略，未设置大型停车区域，只针对特殊车辆设置专用停车，从而抑制驶入中心商业区的车辆数，抑制停车需求。

（1）居住区拥车停车策略：居住区需要配备满足居住用户数量的停车数量，遵循有房有车必有位的基本原则，即保证每一用户至少配备一个停车位。如果该居住区域未能满足这一基本原则，需给居住用户一定额外补偿，以弥补停车位供应不足。

（2）中心商业区用车停车策略：首先，加强市中心商业区的公共交通系统建设，完善公共出行体制，抑制私家车驶入中心商业区数量。其次，不设置容量过大的停车设施区域，只提供部分专用车辆的停车区域，从停车供给能力角度限制私家车的使用情况。最后，对中心商业区征收一定的交通拥堵费用，调控高峰时段小汽车的使用。

（三）纽约市

纽约市针对核心区停车问题的解决由调节停车供需矛盾转向停车需求的管理策略方

面，一方面，抑制停车需求，增加公共交通出行；另一方面，合理调整停车需求，遵循以配建停车为主、路外停车为辅、路面停车为补充的原则。

（1）抑制核心区停车需求能力：首先，完善公共交通系统策略，发达的公共交通系统极大促进了居民公共交通出行的比例，有效缓解了驶入纽约市核心区的汽车数量，从而抑制了核心区的停车需求能力。其次，制定停车收费杠杆策略原则，根据停车状况的拥堵状况，制定适应的停车收费策略，即停车拥堵时增加一定的额外停车费用，从而抑制私家车在拥堵状态下的使用，抑制停车需求。最后，制定限时停车、限区域停车策略，即设置规定时间（一般设置 1～2 h），并允许规定时间内可正常停车，超出时间需额外缴纳昂贵的停车费用，并且针对私家车，只允许停在收费较昂贵的路外停车区域。由此策略，降低私家车的驶入量，抑制停车需求。

（2）调整核心区的停车需求策略：首先，纽约市核心区停车需求遵循以配建停车为主、路外停车为辅、路面停车为补充的原则，因此，需要高效利用核心区内空间资源，建立分散停车区域，从而分散停车需求强度，体现停车需求的均衡性。其次，根据不同的停车区域，即配建停车区域、路外停车区域和路面停车区域，制定不同的收费策略，保证停车需求的均衡。

（四）巴黎市

巴黎受到土地资源和人口因素的影响，中心城区面临严重的停车问题和拥堵问题，为更好地解决中心城区的停车问题，从限时停车、差异化的泊位供给策略和不同路内停车收费标准 3 个方面制定相关停车策略。

（1）限时停车策略：巴黎中心城区停车方式主要包括路外停车区域和路内停车区域两种，根据不同停车区域制定不同限时停车策略，如对于路外停车区域可允许长时间停车，而对于路内停车区域则只允许短时停车，一般停车时间设为两个小时。

（2）差异化泊车供给策略：巴黎为土地资源有限，中心城区道路又比较狭窄，造成拥堵严重，因此，需要对该中心城区进行分块化管理，对不同分块区域停车需求进行合理限制调整，提供不同水平的供给能力，从而控制进入该中心城区的机动车数量。

（3）不同路内停车收费标准：巴黎中心城区按照分块区域、不同时间阶段制定不同的收费标准，以保障该中心城区停车供需能够基本平衡。分块区域以巴黎中心向外扩张，主要划分 3 个区域，停车费用由市中心的 3.6 欧元递减为 1.2 欧元，从而降低机动车驶入中心位置，减缓中心位置的拥堵；时间上以工作日和非工作日进行区别对待，工作日早上 9 点至晚上 19 点收取停车费用，其余时间以及非工作日免费。

二、国内城市及地区停车策略研究

（一）香港特区

为解决香港特区停车问题，在以路外停车为主、路内停车为辅的停车策略基础上进一步完善停车系统策略机制。包括完善市场停车管理机制、完善停车收费准则、鼓励民间停车设施建设等。

（1）完善市场停车管理机制：在政府对停车管理进行宏观调控基础上，停车设施方面根据立法规定，配备符合不同类型建筑物要求的停车位数量，尤其是满足都会区和非都会区的停车需求。停车管理方面提出较为严格规范制度，如违章停车执法由交通警察和交通督导员（准公务员）负责。实行严格的停车管理，违法停车不及时开走，可开多次罚单（320港元）。

（2）完善停车收费准则：提高停车收费标准，一般每小时 20 ~ 30 港元，香港以 15 min 为一个泊车时间单位，设置了时间限制为 0.5 ~ 2 h，超时停车罚款 320 港元。除此之外，根据不同时段制定多元化的收费标准，该多元化收费标准的制定，要适应停车者支付能力的需求，并兼顾路内与路外停车方式不同、拥挤区与非拥挤区停车难易程度的不同等因素，香港特区在日间采用高收费制度分配路旁停车位，夜间采取免费或较低收费制度。

（3）鼓励民间停车设施建设：政府机构通过采取一系列措施淘汰管理水平低、资质差的经营主体，从而选择优秀的经营主体。对于选择出的优秀经营主体在供应和建设方面实施供应，以扩大管理规模、降低成本、优惠政策方式鼓励民间资本参与停车场建设，采取税费优惠等措施鼓励民间资本参与停车场建设。目前，香港特区仅有约 3% 的停车位是由政府投资建设的，大部分为民间资本进行修建。

（二）北京市

北京市由于面临人口密度过大、土地资源利用紧张等具体问题，单方面大肆建设停车设施的可行性不切实际，扩大停车供给方面并不符合北京市的背景特征。因此，为改善北京的停车问题，提出两个停车策略：增加停车泊位配建标准策略和实施停车泊位证明策略。

（1）增加停车泊位配件标准策略：北京市自 1999 年制定的《北京市"九五"住宅建设标准》中关于居住区停车设施配建指标，一直在沿用该标准。标准指出对于普通住宅，包括经济适用住房、旧区改造住房及零星加建住房等按照每户 0.5 个停车车位进行配建设置。对于中高档小区中关于停车设施的配建标准是以每户 1 个停车位实施。高档别墅区则以每户 1.3 个停车车位设施进行配建实施。

（2）停车泊位证明策略：北京市自从 1998 年实施"停车泊位证明"措施以来，按照"增量"车辆自有匹配停车位的方式，逐步实现"一车一位"的停车目标。虽然该措施的实施，在一定程度上抑制了车辆增长速度，减少了停车设施的需求量，但是树立了"购车有位、停车有位、有偿使用车位"的观念，极大地刺激了停车产业的发展，并对停车系统的发展起到极大的推动作用。

（三）南京市

南京市在改善停车问题方面提出的策略更加侧重于管理机制方面，包括完善的停车管理机制、制定相关的停车法规政策标准、推动停车市场民营化策略。

（1）完善停车管理机制：南京市结合停车系统规划、停车设施建设及后期停车管理等方面内容，制定近远期相结合的停车管理机制。近期可先通过完善现有机制体制、鼓励社会资本投资方式作为引导，逐渐发展至竞争机制，通过竞争方式选择最优停车管理机制方式并推广经营；远期可进一步完善竞争停车管理机制方式，仍可通过停车场收费拍卖的管理模式，引入商业模式，并将停车管理与路政管理结合起来，制定合理管理机制，提升停车管理效率。

（2）制定相关停车法规政策标准：为保障公共停车有效运营，建立由交警部门、执法部门、行政管理部门、公安部门及停车场协管部门等多个部门组合的联勤执法机制，构建一套长效、常态的停车管理机制，包括通过界定停车的违法违规行为，由不同违规程度制定合理的处罚标准；制定由违规私设停车场处罚机制；制定停车收费统一标准联动机制；制定停车收费处罚处理机制。

（3）推动停车市场民营化：政府机构通过市场竞争、资产重组方式，淘汰管理水平低、资质差的经营主体，选择优秀的经营主体，从而提升停车经营主体的整体素质和能力水平，对于选择出的优秀经营主体，应予以扩大管理规模、降低成本方式优惠政策、鼓励发展，从而实现停车与服务的规范统一。

（四）苏州市

苏州市受到停车设施资源缺乏、停车设施空间有限因素影响，不能通过修建大型停车设施来解决城市停车问题。目前，苏州市解决停车问题主要通过制定相关停车策略方式进行改善，包括完善停车管理机制、加强停车管理保障机制和推进停车泊位共享机制3方面。

（1）完善停车管理机制：苏州市建立多部门的协调机制，制定停车发展总体战略；要求苏州市的各个职能部门制定在其职责范围内的停车措施、规划、政策等详细落实方案。目前重点主要在于停车收费管理机制、路内停车动态调整机制以及配建标准的定期评估修订机制。

（2）加强停车管理保障机制：加强苏州市路内停车安全的管理机制，建立由交警部门、行政管理部门、公安部门及停车场协管部门等多个部门组合的联勤执法机制，按照明确"能否停车、停放时长、停车收费标准、处罚措施"等信息作为处罚标准，同时，加强违章处罚力度，通过高额罚款等方式减少路内违法停车现象。

（3）推进停车泊位共享机制：建立从市级到街道政府部门一体的职责体系，提高各区行政管理部门对停车共享协调制度建立速度，结合公共车辆的改革重点部门，推进在行政管理部门等单位的内部车辆共享泊位，制定共享计划，推进对有限停车资源的最大化利用。

通过对首尔市、新加坡市、纽约市及巴黎市等部分国外城市采用的停车策略分析，发现国外停车发展策略根据不同区域的功能定位进行制定，主要思路是以配建停车为主、路面停车为辅、路内停车为补充的方式，由单纯以需求为导向的适应性政策转向有利于停车需求管理的引导性政策。针对居住区停车发展策略，通过分析该居住区的区位因素、住宅类型、居民类型、周边用地可拓属性及周边道路交通状况等基本特征，并根据这些居住区特征，产生不同强度的停车需求，制定合适的停车发展策略。针对中心城区，通过加强市中心城区的公共交通系统建设，抑制驶入中心城区的机动车数量。高效利用中心城区内空间资源，建立分散停车区域，从而分散停车需求强度，体现停车需求的均衡性；根据不同的停车区域类型，即配建停车区域、路外停车区域和路面停车区域，制定不同的收费策略，保证停车需求的均衡。

通过对香港特区、北京市、南京市及苏州市等部分国内城市及地区采用的停车策略分析，发现国内城市及地区的停车发展策略更多侧重于完善政策体制机制方面，主要是从停车管理机制、停车执法保障、停车收费准则和停车设施经营主体4个方面着手。停车管理机制是由多部门协调合作，共同制定停车发展策略，作为停车运营的总体方针。停车执法保障作为一种保障机制，由交警部门、执法部门、行政管理部门、公安部门及停车场协管部门等多个部门组合的联勤执法机制，确定违法停车的处罚机制，保障停车规范性。停车收费准则，根据不同区域、不同时间段制定不同的停车收费准则，保障停车需求的均衡性。停车设施主体方面主要通过一些鼓励、优惠政策，选择一些优秀经营主体建立停车设施系统，一方面，缓解政府财政压力，另一方面，提高停车设施的供给能力。

第五节　山地城市停车建设创新

本节主要研究山地城市停车场建设创新模式。分析了我国山地城市地形地貌特点及交通路网特点、停车场的现状及问题。结合停车场建设设计规划原则，选取了四种创新建设模式并对其各自的优点进行分析总结，最后对山地城市公共停车场建设配套措施提出建议。

一、山地城市交通系统以及停车场现状

山地城市的地质条件多变地形复杂复杂，与平原城市相比，山地城市空间布局不仅沿起伏不平的横向用地基底延伸，而且具有更为强烈的竖向发展的空间布局特点。山地城市道路交通系统的修筑建设也充分体现了这一地域特色，在交通路网结构、道路线形、居民出行方式、停车场建设布局等方面都与平原城市有显著差异。

（一）山地城市交通系统特点

1.道路线形

山地城市地形起伏大、道路迂回、地面基底高低交错，城市道路中坡段道路的占比较高，坡道转弯、小半径路段和大纵坡路段常见。比如重庆市城区坡度超过3%的道路占总体道路的比例高达80%，部分特殊地段的道路纵坡坡度甚至超过9%。

2. 交通路网结构

山地城市的道路一般结合地形地势修筑，主干道交通连接距离较平原城市大，出现断头路和尽头路的情况也比平原城市多。道路系统最直观的体现就是交通路网的连通性较差，居民出行的非直线系数增加，导致整个山地城市的路网可靠度降低。

3. 居民出行方式

我国城市居民普遍采用的交通工具包括公交车、地铁、长短途巴士、私家车、自行车、摩托车等。山地城市道路的由于道路坡度普遍较大，非主干道道路"爬坡上坎"情况多，自行车及电动自行车这两类交通方式在山地城市并没有被广泛采用。山地城市特色的交通方式：地铁、轻轨、索道、轮渡、大扶梯等。以重庆市为例，根据2016年《重庆市主城区交通发展年度报告》调查的出行方式结构中：2016年重庆主城地区机动化出行总量为892万人次，其中地面公交占比46%，轨道交通占比13.3%，出租车占比6.4%，小汽车占比33.5%，其他为0.8%。

4. 停车场建设布局

山地城市受自然地形地貌限制，可用于停车场建设使用的土地资源十分有限，导致停车场地不足的情况相对于平原城市更为突出。尤其近年来居民私家车拥有量的快速增加给停车场的建设带来了巨大压力，而土地资源的持续紧张则使得停车设施的配建指标难以达标实现。山地城市停车场及停车设施的布局最常见的情况是，随着周边区域居民增加、商业发展、停车需求矛盾突出等因素应急性布设，总体规划难以适应现实情况。

（二）山地城市停车现状

随着城市土地资源的日益紧张，城市建设更加重视地下空间的开发利用，希望通过配建地下停车库来缓解城市停车设施不足的问题。以重庆市主城区为例，根据2016年《重庆市主城区交通发展年度报告》显示，目前重庆市主城区机动车拥有量139.8万辆，同比增长10.6%。主城区私人小汽车拥有量为98.8万辆，同比增长14.5%。截至2016年底，重庆市主城区可用停车车位共93.5万个，其中室内停车位77.25万个、室外停车位11.51万个、其余为部分路内占道停车位，停车场建设年均增速约10%，远低于机动车辆增长速度。

另外一个极端情况则是部分山地城区虽然停车车位总数不足，但是一些地区却出现了大量车位空置的现象。这说明当前部分山地城市的停车设施规划布局不够科学合理。在停车需求和供给出现较为突出矛盾的情况下，一些城区不得不划出更多的路内占道停车位，但这种应急性措施并不能真正解决停车难问题，反而还严重影响了正常的道路交通，容易造成道路拥堵给居民出行造成困扰。

当前山地城市存在的主要停车问题有：（1）停车场规划布局不合理。（2）停车场建设滞后。（3）配建车位不足。（4）相关政策、法规滞后。

目前山地城市停车场，突出问题表现在老旧小区建筑物配建停车标准严重偏低，历史欠账多；重点片区、商业中心公共停车场不足，停车位缺口较大；大型服务设施高峰客流呈爆发式增长，停车场及停车位严重不足。

二、山地城市停车场建设原则

（1）按照城市规划确定的用地、建设规模、道路连接方式等要求进行总体布置。（2）停车场内部避免进出车流相互交叉，交通流线组织应尽可能遵循"单向右行"的原则，并配备明确醒目的标志标线。（3）停车场出入口不得设在道路交叉口、人行横道、公共交通停靠站及桥隧引道处；如需要在主要干道设置出入口，则应远离干道交叉口，并设置与主干道相连的专用停车通道。（4）停车设施设计应综合考虑路面结构、排水、照明、绿化及必要的附属设施设计。（5）山地城市停车场应充分考虑停车用地利用效率及对周边区域交通、经济活动和商业设施的影响，在加大土地利用效率，方便停车及出行的同时应尽可能小的减少对周边区域交通及商业活动的影响。

三、山地城市停车建设创新模式

近年来山地城市公共停车场建设逐步开发山谷、半山腰等土地资源，充分利用既有建筑物构筑物及其地下空间，地下停车场、依山建设停车场已成为山地城市停车场建设的主流趋势，另外山地停车场建设模式也在不断创新，改扩建既有构筑物、利用城市高架桥下空间、利用江河库岸等建设公共停车场的创新模式不断涌现。

（一）依山建设停车场

山地城市地形复杂多变，城区中山体、坡地、河流及凹地陈列分布山下错落，本身具有竖向高差及横向空白区域。山地城市停车场建设可充分利用地形的天然高差及空间格局。在同一座建筑物中利用不同楼层和外界相连，在山顶、山腰、山脚甚至临河岸边分别布设停车场出入口，市民可以从不同的路段、不同的方向进入停车场停车，打造依山建设的天然立体停车场。

例如重庆市渝北区洪崖洞停车场，便是依山建设停车场及娱乐休闲观光为一起的综合性建筑。

洪崖洞风景区作为重庆市名片类著名沿江观光风景区，位于重庆市核心商圈解放碑沧白路，坐落在长江、嘉陵江两江交汇的滨江地带，坐拥城市旅游、商务休闲和城市人文景观于一体，自然条件及区位优势得天独厚。景区内建筑共13层，把餐饮、娱乐、休闲、保健、酒店和特色文化购物等六大业态有机整合在一起，通过分层筑台、吊脚、错叠、临崖等山地建筑手法，形成了别具一格的"立体式空中步行街"。洪崖洞建筑内部共设置三个公共停车场，其中一个露天停车场与沧白路平衡连通，两个公共停车楼分别在洪崖洞9楼和负1楼与嘉滨路联通。

依山建设停车场不仅可以充分利用地形地势节约山地城市中较为平坦地段的土地资

源，环节城市停车压力，更能依照山势走向、地形地貌创新设计，形成视觉良好、景色宜人、亲近自然并集停车需求、娱乐、休闲于一体的公共停车场地。

（二）利用地下空间建设停车场

地下停车场（库）的建设是地下空间开发利用中，地下交通和地下城市综合体的重要组成部分。在城市空间拥挤、土地资源昂贵的现实条件下，停车设施地下化也是时代发展的必然选择。

重庆市作为西部山区山地城市的典型代表，其城市公共停车场比如两江新区修建的金山立体停车楼和龙头寺停车楼，就是利用规划用地修建而成；巴南区修建的龙洲湾人防工程停车场，是结合地下人防工程修建；沙坪坝区修建的重大 B 区和重庆七中地下停车库，则是利用学校操场地下空间修建。这些停车楼位于商圈、学校等交通密集区域，缓解了附近居民和群众的停车难问题。

利用地下空间建设停车场主要有以下优点：

停车共享。地下空间建设停车场可以实现相邻建筑物共用一个停车场，居民出行只需停车一次就可以通过地下通道、地下商业街或电梯进入多座建筑。

协调动、静态交通。在城市中心商业区周边设置地下停车系统的进出通道，能够顺利将大部分商业中心区域内的动态交通引入地下，结合适当的中心区限制交通政策，使动、静交通相协调，可以极大地改善主城商业中心区内部商业氛围及生态景观环境。

完美解决 CBD 区域停车问题。下停车系统在不增加中心区内部道路车流量的情况下，达到了方便地接近出行目的地的目的。

（三）利用城市高架桥绿地建设停车场

目前国内对城下城、地铁这些土地空间资源的利用已经引起更多的重视，而伴随着城市交通需求、高架桥建设增加及其功能空间的相继产生，桥下空间资源同样也需要引起更多的关注与重视，为人们创造完整丰富的生活空间，提高市民生活质量。

在我国山地城市中心区利用由城市高架道路形成的桥下空间建设停车场，不仅是有效解决停车位不足的一种方法，更对于节省城市有限的土地资源具有重要意义，特别是土地资源紧张、城市交通桥梁较多的山地城市更是一种两全其美的多效方法。目前相关部门正在积极出台文件、政策促进高架桥下空间利用，积极提升城市公共停车场建设进程。

重庆九龙坡区嘉华大道高架桥立体停车楼作为重庆第一个利用市政市高架桥下空间利用项目已于 2017 年初建成并开始运营。停车楼总建筑面积约 3.7 万平方米，规划车位一千多个。停车楼整体采用 "P+L" 模式规划设计，车库一共有四层，设置三对车行出入口，两对位于车库第四层，分别在华润三支路与南北干道交接处及直港大道高架桥下，另外一对设置在车库第一层。

（四）利用其他既有构筑物建设停车场

根据住房城乡建设部国土资源部《关于进一步完善城市停车场规划建设及用地政策的

通知（建城 [2016]193 号)》《节约集约利用土地规定》《重庆市人民政府办公厅关于鼓励投资建设公共停车场的指导意见（渝府办〔2014〕45 号)》等文件精神，国家及地方政策都在鼓励各城市合理配置停车设施，提高地上地下空间利用率；充分挖掘地上地下空间利用潜力，推进建设用地的多功能立体开发和复合利用。

山地城市因地形复杂、道路高差大，在不改变用地性质符合用地规划的前提下可以选择及创新的停车场改扩建技术更多更新颖。在符合安全、消防、绿化、环保、间距退让等要求的前提下采取功能改造、加层、背包等形式改扩建的公共停车场。如利用既有建设用地地下空间、既有建筑物屋顶、拆除部分既有建筑新建、既有平面停车场改扩建停车场，利用既有建筑、废弃厂房或者锅炉房等改建公共停车场等都是公共停车场建设模式的智慧创新。

本节首先研究了山地城市路网及居民出行特点、山地城市停车场供需现状及所存在问题，在符合城市规划及安全法规的基础上，本着充分利用山地城市独有的立体地形的理念，创新停车场建设模式更好的解决了停车场建设与停车用地紧张的供需矛盾难题。各种停车场的创新建设模式在建设过程中应慎重选择、比较，不仅仅要从停车选址、可用空间和构筑物、经济便捷等，更应充分考虑安全因素、出入方便因素以及对周围环境影响，这样才能使这一新型城市设施型产业步入良好的循环之中，并能不断成长壮大。

第六节　物联网技术与城市停车诱导

我国社会发展的过程中车辆的数量越来越多，车辆增加了交通的运行压力，尤其是城市交通，城市交通表现出拥堵的特征。城市车辆越来越多，车辆停车非常困难，以物联网技术为基础构建了城市停车诱导系统，辅助城市停车，实现城市停车的智能化。物联网技术是城市停车诱导系统中不能缺少的技术，其可根据停车场的实际情况合理规划停车位，避免出现资源浪费的情况，同时还能提高泊车的效率。城市停车诱导系统中全面落实物联网技术的应用，完善城市停车诱导系统的运行，体现物联网技术的作用。本节通过分析城市停车诱导系统的应用，探讨物联网技术在城市停车诱导系统中的相关应用，表明基于物联网技术的城市停车诱导系统在现代车辆交通中的应用价值。

人们经济水平的提高，私家车的数量日益增多，车辆出行时增加了停车管理的难度，同时，人们也对停车提出了很高的要求。现阶段在停车管理中，构建了城市停车诱导系统，主要是根据停车场的资源进行诱导性停车，积极提升停车管理的效率。城市停车诱导系统表现出了智能化的优势，其可根据停车管理以及驾驶人员的需求进行停车诱导，把停车场的信息提前在液晶屏上显示出来。城市停车诱导系统的功能实现中主要运用了物联网技术，物联网技术可以提供无线通信的条件，其可把一切与停车相关的信息反馈到控制中心，再由控制中心向像显示屏上传送信息。物联网技术在停车诱导系统中提供了详细的信息，比如停车位置，比如停车位置，停车场使用时间以及车位的具体情况和通行路线、停车时间、停车场使用时间以及车位的具体情况，在很大程度上提高了城市停车场的管理水平。

一、物联网技术与城市停车诱导系统

物联网技术在城市停车诱导系统中对每一辆车都给出了一个 ID，以 ID 组成的标准系统可以用在停车诱导的管理操作中，这样方便物联网技术去识别进入停车诱导系统内的车辆。停车诱系统的区域内部署传感器，传感器是物联网的核心，其可帮助物联网去识别停车诱导系统内的车辆信息，在此基础上完成车辆诱导及管理，体现物联网技术和城市停车诱导系统的关系，更重要的是确保物联网技术能够在城市停车诱导系统内得到有效的应用。

二、物联网技术下城市停车诱导系统的优势

城市停车诱导系统为广大的车主提供了便捷性，降低了停车的困难度，城市停车诱导系统在车辆使用者中提供了可行的停车点，减少了车主在寻找停车位过程中的使用时间，城市停车诱导系统根据互联网技术设计了无线传输通信设备，该设备能够为车主提供优质的引导服务，诱导车主快速地到达停车位的目标地点，即可以缓解停车压力，又可以提高停车管理的操作水平。城市停车诱导系统，在保证交通安全的前提下，实现了交通通行的通畅性，城市停车诱导系统不仅仅是应用到停车场内，停车场只是其中一部分，还包括整个城市的交通系统，比如车主在行车的过程中就可以通过路边安装的指示牌，了解前方道路中设定的停车场以及停车场中的停车位，进而已简短的路线到达停车场，不会出现路边乱停车的情况。改善了停车管理的环境，城市停车诱导系统即可把交通运行中与停车相关的所有信息融合起来，由互联网技术提供定位和信息传播的途径，按照车主的需求，给出停车建议，合理规划停车资源，保障停车管理的优质性。城市停车诱导系统缓解了商业区域的经营活动压力，该系统能够管理商业区域内的停车场，为商业区域停车管理创造优质的条件，商业区域在节假日期间经常会出现车辆拥堵的情况，停车诱导系统能够用在疏通车辆、优化管理等方面，一方面为车主提供可停车的地方，另一方面提升了商业区域的经营能力。

三、物联网技术下城市停车诱导系统的设计

分析基于物联网技术的城市停车诱导系统的相关设计，本节主要从以下几个方面实行分析。

（一）数据采集及管理模块

数据采集及管理模块在城市停车诱导系统中主要负责采集各类信息并且执行管理工作。数据采集时定位车辆的具体位置，显示出停车场内可使用的停车位，信息采集完成之

后信息全部存储到数据库内。物联网在数据采集中定位了每一辆车，全面收集车辆的信息，按照需求实行数据的交互操作，数据采集时信息资源的传送、发布车辆信息等操作模块，都是由数据交互完成的。物联网技术完成了数据采集和管理，提高了车辆管理的效率。

（二）信息传送模块

城市停车诱导系统的信息传送模块中对物联网技术的应用，需要在停车场内布置大量的传感器，传感器本身具有计算、通信的功能，在物联网条件下停车场内构成了大范围的网络服务系统，促使停车场能够具有数据化、特征化的优势。物联网作用下停车诱导系统内的传输距离有限，其可提高数据传输的速率，物联网环境中由传感器构成了信息网络。停车场中诱导系统的信息在所有模块中传输，可以运用移动通信网络实行传输，有序控制信息传输的过程，同时合理运用信息资源，实现信息交互，满足停车诱导系统中的通信需求。

（三）数据处理模块

城市停车诱导系统中的数据处理模块属于核心部分，该模块实现了各项数据的接收、存储和管理。数据处理模块能够快速的发布车位信息，并且根据模块预定的信息分配停车资源，实现了数据资源的实时利用。停车诱导系统中每个车辆的信息传输都经过处理模块的操作，实时处理停车场中车辆的信息。数据处理模块具备统一处理信息的能力，优化了资源的分配和使用，防止信息资源发生重复使用，便于完善资源的分配和利用。

（四）车位信息发布及预订

车位信息发布及预订采用的是车载终端设备，也就是物联网终端设备，这项模块在停车诱导系统中主要是为车辆提供预订车位的功能。车主把车辆信息输入到终端设备，需输入车辆 ID，及时获取停车的相关地点，并且计算出车辆到达车位的时间。车位信息发布及预订具有自动化预订的功能，物联网技术跟踪车辆的信息，与停车场内的环境进行比较，系统中为车辆提供最优的停车位置，并把信息反馈给车主。车位信息发布及预订模块中，能够与车主的微信、支付宝或者网银进行对接，能够快速的扣除停车费用，提高了停车管理的工作效率。

四、物联网技术下城市停车诱导系统的应用

本节结合城市停车诱导系统的设计，专门分析其在物联网技术下如何完成车辆管理，重点探讨城市停车诱导系统的应用案例，如下：

（一）项目背景

该城市的经济发展比较快，人们生活水平提高后对生活质量也有着很高的要求，因此私家车成为人们家庭中的主要工具，而且近几年私家车的数量越来越多，这样也暴露出城市交通堵塞和停车难的问题，该城市中车辆堵塞情况非常严重，尤其是早高峰和晚高峰，

车辆停车费位以及交通堵塞增加了人们日常出行的困难度，进而也影响到城市的建设与经济发展。该案例中，城区的停车难以及没有秩序停车的问题特别突出，该城市在 2010 年构建了城市停车诱导系统，该系统以物联网技术为核心，在停车管理的城区中主要设置了 1 6 个停车场，整理出可使用的停车车位有 6421 个，停车诱导管理系统中的液晶显示屏有 32 块，经过城市停车诱导系统的应用之后，该城市的停车难问题得到了有效的解决，与以往相比，停车场使用的效率提高到 60%，城市路面上的交通明显得到了改善，自 2014 年至今，该城市继续整合可停车的片区，扩建停车场，完善停车诱导系统的应用，提高了停车管理的效益。

（二）案例分析

该城市的停车诱导系统是由四个部分构成的，分别是停车场数据采集系统、数据通信系统、控制中心数据分析处理系统以及车位信息发布系统，其中控制中心数据分析处理系统又可以分成 GIS 系统管理模块、系统维护模块和用户管理模块，整个系统处于物联网技术的控制环境中。城市车辆进入到停车诱导系统的采集区域时，系统会在物联网技术的作用下分析当前停车场内泊车的实际情况，把数据显示到液晶屏上，驾驶员会根据数据信息选择停车的位置，并且按照诱导系统给出的路线快速的驶入到停车位。停车诱导系统的具体工作流程是：停车场采集器采集出入口通行车辆的信息→通过物联网的数据传输网络把信息传送到控制中心→控制中心分析停车的信息并进行规范化的处理，信息有效存储起来→向停车客户提供停车信息。

案例中的停车诱导系统采用了网络化的设计方式，运用 B/S 结构，该系统为主动信息采集的方法，每个停车场的出入口的底部都埋设了电磁感应线圈，准确的检测车辆的出入，例如：某私家车 A 进入到北城区 ×× 停车场，入口时私家车 A 会经过电磁感应线圈，此时线圈检测向数据采集器传输到数据采集器，停车场内液晶屏会 -1，私家车 A 从出口离开时，同样的信息传输路径，液晶屏会 +1，也就是说私家车 A 进入停车场，车位会减少一个，离开后车位会增加一个，当私家车 A 经过电磁感应线圈之后，液晶板显示 B 区停车场有空余停车位 34 个，这时驾驶员直接去 B 区停车即可，节约了停车的时间，也能避免停车拥堵。

城市停车系统是交通运行中的关键部分，做好停车管理的工作，才能缓解城市交通的运行压力。本节主要研究了以物联网技术为中心的城市停车诱导系统的应用，改善了城市交通运行的环境。物联网成为城市停车诱导系统的核心技术，为城市停车诱导提供了可靠的支持，完善城市交通中的车辆管理，推进老交通行业的发展。

第七节　城市停车场规划浅析

机动车快速增长、土地资源稀缺带来的"停车难"问题日益凸显。本节分析了城市停车存在的主要问题，探讨了停车场规划的规划原则和政策建议，并简要介绍了南昌市经开区停车场专项规划的实践经验，希望通过停车场规划，有效缓解城市停车供需矛盾，改善城市交通环境。

近年来，随着经济、社会的快速发展和城市化进程的急剧加速，城市机动化水平日益提高，机动车数量持续增长。以南昌市为例，2001年至2015年小汽车保有量就由1.9万辆增长至75.6万辆。机动车快速增长、土地资源稀缺带来的"停车难"问题日益凸显，停车场的建设速度明显落后于机动车的增长速度，占道停车、违章停车等现象给城市交通和居民生活造成极大干扰，严重阻碍了城市发展。

一、城市停车问题

城市停车问题与国家及地方政策、城市土地利用、交通基础设施建设、居民行为习惯等有着密不可分的联系。城市停车问题主要涉及三个层面：政策层面、规划建设层面和管理层面。

（一）政策层面

缺乏利益保障和诱导机制，社会投资不足。城市公共停车场大多为政府投资、委托经营，奉行低价停车政策，成本高、回报率低，很难吸引社会资本投入。制定扶持政策，给予投资者一定的经济利益保障，才能诱导社会投资加入到公共停车场的建设中来。

（二）规划建设层面

规划建设明显滞后于机动车增长速度，缺口很大。机动车保有量迅猛增长，城市土地资源高强度开发，由于缺乏对停车场的战略规划，停车供需矛盾不断加剧。老旧小区由于规划建设年份较早，大多并未规划停车位或仅规划少量停车位。安置小区内停车配建指标普遍较低，且实际汽车保有量超出预期，供给不足。新建小区虽然大多配备了地下车库，但配建指标已近饱和，未来仍面临停车位紧张现象。某些公共服务设施的跨区域使用造成停车需求的额外增加。商业停车尤其是沿街商业路边停车较为普遍，停车库空置率较高。

（三）管理层面

管理权责交叉，管理水平欠缺，收费不合理，居民守法意识薄弱。多数城市的停车管理处于分散无序、多头管理状态，涉及交通、公安、市政、交警、城管、环保、物价等多个部门。各部门管理职能交叉，管理效力不足，难以形成合力。

停车场管理模式较为死板，未能做到差别化、精细化管理，智能化水平欠缺。公共停车场仍以"人对人"管理形式为主，咪表管理、停车诱导系统等智能化管理手段未得到全面普及，难以有效引导停车的规范化。

收费标准与资源配置不合理。商业中心、交通枢纽和医院等流动性强的区域以专业停车场为主，路面临时停车为补充。但是由于专业停车场收费标准较高且进出耗时较长，而路面停车收费标准偏低，多数人会将路面停车作为首选，甚至长时间占用路面停车位，周转率低，不能有效地控制停车需求。

居民私人交通出行习惯的养成与守法意识的淡薄导致停车管理的难度增加。很多居民缺乏社会观念和依法停车意识，一切以自己方便为先，随意停车、占道停车现象严重。

二、规划原则

（1）坚持规划先行，制定合理的发展策略，加快推进项目建设；（2）停车场规划应与土地利用规划相衔接，满足城市总规与控规的要求；（3）停车的供给采用新建和挖潜相结合，停车场规模的确定采用定量与定性相结合；（4）停车配建标准应根据经济社会的发展情况进行动态调整、滚动修订；（5）停车设施的配置坚持需求管理的原则，以引导需求来控制停车行为；（6）节约用地，提高土地利用效能，合理配置停车空间，鼓励机械停车、立体停车；（7）统筹兼顾，科学布局，将停车场规划与用地布局、开发强度结合起来；（8）改善城市交通环境，采取综合治理、精细化设计的工作模式应对停车问题。

三、政策建议

（1）加强政府导向，在土地使用、投资优惠、税收减免等方面出台扶持政策，鼓励社会资本投入城市停车场的建设；（2）强化组织保障，统筹协调好各职能部门的工作，落实责任分工；（3）根据不同地区和停车设施类别，采取差别化管理策略，精细化调控停车资源与需求；（4）加强规范化管理，提升智能化管理水平。加大对违章停车的处罚力度，规范停车秩序。推行智能化收费和停车诱导系统，建设停车信息平台，实行智能化管理；（5）倡导公交出行，大力发展公共交通，提高公交出行的舒适度和便捷度。转变市民的出行意识，保障城市交通系统的整体运行效率。

四、南昌市经开区停车场专项规划实践经验

（一）经开区停车发展态势分析

（1）城区基础设施逐步完善，市民出行与客货运输增长较大；（2）创新型产城空间特色鲜明，综合服务组团连片发展，成为停车需求热点；（3）居住片区格局明晰，针对不同区域的停车管理政策有待跟进；（4）特色产业园区与综合交通枢纽是停车需求的触发点；（5）

地铁线开通运营的背景下，停车换乘需求凸显，配套停车场站势在必行；（6）经开区作为新能源汽车产业实验区，对智能停车前期规划具有战略意义；（7）产业、物流园区的迅速发展带来大量货运交通需求，合理解决货运停车对促进物流业发展、提升地区交通品质具有重要意义。

（二）经开区停车发展策略

（1）以规划功能分区引导停车设施布局；（2）重点聚焦轨道交通与城市旧改更新地区；（3）注重停车政策分区差异化与综合实施手段；（4）关注新能源新与信息技术在停车规划建设中的应用；（5）综合考虑货运交通与货运停车需求。

（三）重点片区停车改善策略

（1）结合轨道站点设置 P + R 停车场，引导个体方式向公共交通转移，缓解重点地区道路交通压力；（2）通过内部挖潜、停车共享、设置公共停车场等方式，缓解现状配建不足小区停车矛盾；（3）对路边停车进行梳理，取消部分对道路交通有影响的路内停车；（4）采取差别化停车收费措施，实施停车需求管理。主要有区域差异化、时间差异化、路内路外差异化：路内停车收费标准高于路外收费标准；（5）通过设置停车诱导系统，提高出行的便捷性及车位利用率。

（四）保障措施

（1）资金保障：多渠道开辟融资方式，切实发挥政府主导力和企业主体力，探索社会资本参与城市建设的合理机制，实现资金平衡；（2）管理保障：设立停车设施管理办公室，合理调整停车收费区域标准，严格执行停车泊位配建标准；（3）土地保障：新建工程提前谋划，尽早开展前期技术工作，在立项、土地报批、申报重点工程等方面争取主动，解决土地指标问题，为工程开工和拆迁安置提供保障；（4）技术保障：加强智能停车、新能源车辆停车设施技术投入。

"停车难"现象是目前城市普遍存在的问题，通过编制停车场专项规划，合理配置城市公共停车场，可以有效减少机动车的随意停放情况，缓解城市停车供需矛盾，改善城市交通环境。但是城市停车问题不能靠无限满足停车需求来解决，停车应该向节约化发展，改善公共交通环境，倡导公交出行。

第五章 城市停车位研究

第一节 小区停车位规划设计

经济的迅速发展，提升了我国居民的生活质量，私家车拥有量越来越多，因而停车场设计规划成为重要的城市环节。若小区停车位设计不合理就会对小区居民日常生活产生影响，会出现各种问题，严重得甚至可能会出现交通事故。因而，合理规划设计小区停车位十分必要。

经济的快速发展使得我国汽车拥有量不断上升。汽车的普及率在我国一线城市更加突出，基本上每一千个人就有二十人拥有一辆汽车，汽车行业发展也因此进入蓬勃期。我国居民购买汽车人数不断增加，汽车也正逐渐替代其他交通工具成为主要行车工具。机动车增加是停车位需求的最重要原因。以家用轿车为例，汽车制造业的发展已成为我国支柱性产业之一，汽车进入大众家庭已是时间问题。近几年汽车以每年25%的概率在增加，将来城市交通会越来越拥堵，停车问题也将成为一个重大问题。

一、小区停车位设计

（一）停车的多种选择方式

1. 地面停车

地面停车的优势在于存取方便，且能停在离自己居住地较近的地方，此外投资少也是其一大特点。但其占地面积大，会对小区生活环境产生影响，露天停车位也不利于汽车保养。

2. 地下、半地下停车

地下停车大多采用高层住宅所特有的地理特征进行修建。占地面积小，利用率高。地下、半地下停车位能够有效缓解汽车不断增长带来的停车位面积缺乏问题。

3. 住宅底层架空停车

精益化管理就是要求企业以最小的人、财、物、时间和空间资源投入，创造出尽可能多的价值，精益化管理作为先进的管理文化和方式，已被越来越多的企业所接受，精益化管理在降低核电建设成本和提高核电的经济性、竞争力等方面发挥积极作用。

4.立体式停车库

立体式停车库的特点在于其操作方式简单，灵活，且安全性能高。但是立体式停车库的缺点也十分明显，即搭建成本高，运营成本也高。这些缺点直接影响了这种停车位方式的大量投入使用。在家用轿车不断增加的今天，停车位多采用地下和半地下包括立体式车库在内的三种方式。

（二）停车位整体设计

住宅小区中常常直接用交通设施作为停车场投入使用，这样可以降低投资，然而小区道路的面积固定，若长此以往以这种方式停车，势必会影响小区的交通问题。对于一些高档小区，面积足够大的小区，设计者在设计时可对主干道路和支路进行扩展，以最大可能扩展路面。若是主干道道路宽超过七米，那么就可以直接划分区域建立停车场，以便夜间停车。但在修建过程中要注意设置标志。

二、小区停车景观设计

（一）停车位的绿化设计

停车位设计工作不单单只能保证停车位数量，在此基础上还应该与小区的绿化工作结合起来，增强实用性的同时不能忘记美观性，要符合生态环保发展里面。在地面停车位设计上，可以种植绿化带或者小灌木丛的方式进行区分尽可能降低草植绿地皮的使用。绿化带设计所需品种较多，可采用高大乔木和低矮灌木丛两种品种进行绿化设计。绿化带的另一个作用就是隔离以及遮挡，所以对绿化品种也有相应的要求。

（二）停车设施的外观设计

停车位的整体形状以及外墙设计方式都要以美观为前提，在建设绿化带时尽量选择具有观赏性的植物，这样不仅可以美化外观。还能降低噪音污染。

三、小区交通道路的具体设计

这种方式能够降低坡道的占地面积，具有一定的通风以及采光能力，此外还响应我国节能环保的号召，降低能耗。若住宅小区电梯能直通停库，住户可直接存取汽车，即节省时间，也降低了环境气候对汽车的影响。

小区内交通道路在上下班时间段车流量较大，此时间段，人车数量激增，车辆行驶速度降低，且小区内一般缺乏正规交通信号灯和执法单位，这都会对小区整体外观产生影响。为解决此类问题，可将主干道分为不同的层次进行划分，以道路宽度为根本划分主干道和次干道，以此来调控小区车辆行驶方向。

（一）增设限速标志

小区内人车混杂，尤其在上下班高峰期。为确保小区内行人安全，需设立限速标志，在主要出入口、转角处，设置减速带，并降低直道数量，增加拱桥数量，或者建立交叉路口控制车速，确保行人生命安全。

（二）设置凸面镜

高楼成出不群，在小区建筑的拐角处以及大型植物遮挡区设置凸面镜以方便观察车辆行驶情况，降低车辆事故率，保证小区内行车安全。小区内的照明设施也必须符合居民实际需求，保证夜间行驶车辆的安全，居民夜间行车也要注意尽可能少开灯或者不开灯。以免对低楼层住户日常生活产生影响。此外，小区路面建设也要依据实际需求量进行调整，区分车辆行驶主干道和人行道，尽可能保证小区整体美观。

小区停车位设计规划工作不单单要保证小区有足够的物业人员控制交通运行，还要监控防止车辆占据路面以及住宅空地。此外，为保证小区居民便利生活，还应该考虑停车位和居民楼的距离，降低噪音和汽车尾气污染另外小区的限制因素过多，必须以居民日常生活的舒适度为前提，在保证舒适度的前提下尽可能方便居民车辆使用，还要依据小区地形适时调整，保证足够的使用空间和车辆行驶出入的便捷快速。

第二节　城市小区地面停车位确权

城市居住小区的"地面停车位"作为一种独立的配套公建，给业主提供生活配套服务。然而，由于对其产权归属，法律法规缺乏明确的界定，常常导致因产权归属争议引发的利益当事人之间的矛盾、纠纷、甚至诉讼。结合当前法律法规与契约精神、地方行政条例及管理办法、市场主流观点、实证案例与调研分析，提出地面车位产权以确权为开发企业（建设单位）为宜的观点，同时从处置角度提出了3点管理建议。

近年来，随着我国经济的迅速发展，人民群众的收入水平不断提高，城市汽车拥有量不断增加。据公安部交管局权威数据显示：截至2017年6月底，全国汽车保有量（Car ownership）达2.05亿辆，相对于2007年的0.56亿辆，近10年的年平均复合增长率高达15.79%。全国以个人名义登记的小型载客汽车（私家车）1.56亿辆，绝大数量为城市人口所拥有，已有49个城市的汽车保有量超过100万辆。高速增长的私家车保有量引发车位供求关系逐渐失衡，导致了居民住区内车库（停车位）数量配比、权属、收费等一系列的争议和纠纷，其中地面停车位产权归属上的争议矛盾尤其突出。

城市居住小区地面停车位是指直接设置在城市小区地表、通常以画线分割方式标明的停车位置。地面停车位是小区的重要基础设施。开敞式的露天地面车位，有别于地下车库，由于在现行法律法规及《不动产登记管理条例》的框架下难以取得所有权属的登记确认，加之法律界定的模糊、司法解释的缺位，形成了不同地方、不同部门，或者相同部门的不同管理者之间有着不统一的意见，甚至是完全相反的解释结论。利益相关者、管理部门、法律界（律师）、法院法官判案各说各理，争端不断。

一、权属争议观点研讨

（一）"归属全体业主"论

地面车位归属于小区全体业主的观点，具有较高的认同度，是市场的主流观点。主要基于：房地产开发商在小区竣工验收后办理了初始登记，并按照销售的建筑房屋单元分别办理商品房转移登记，房屋单元所有人（业主）便按份共同拥有了该小区总地号的全部土地使用权。首先由于地面停车位所在的地面面积包含在小区总土地使用权面积之内，则停车位的使用权自然属于全体建筑物区分所有人即业主；其次地面停车位只是通过简易的画线分割而成，不具备建筑物所要求的空间遮蔽性，即不符合构造上和使用上的独立性标准；另外地面车位面积计算也无法用现行《产权面积测绘规范》进行计量，难以得到登记确认。因此地面停车位的所有权须归全体区分所有人享有，对车位的使用、管理、分配、处分等均应得到业主大会的许可，无论是开发商还是物业公司没有业委会的授权均无权处分。

持上述观点的也可称"土地权属派"，不认可"所谓规划推定"论。认为地面车位既不属于房屋也不等同于车库（有围护结构），不具备'构造上的独立性'和'能够登记成为特定业主所有权的客体'两个条件，最终难以获得产权，所以开发商（建设单位）无权上市交易和出售，自然就归于全体业主所有。

2016年6月27日在西安市十五届人大常委会第32次会议上，提请审议的《西安市物业管理条例（修订草案）》就涉及车位产权归属的问题。该修订草案对车位、车库的不同情形进行了不同规定，主要可概括为：1、规划车位车库：约定归属；2、公共空间停车：业主大会说了算；3、防空工程：谁投资谁收益。《草案》建议将条款明确为"物业管理区域内地面共有部位的车位产权属业主。物业管理区域内车库的权属根据业主购房出资公摊情况决定，业主出资公摊的车库，产权属业主；业主未出资公摊的车库，产权属建设单位。建设单位不得将属于业主产权的车位、车库通过出售、附赠方式转让。车库产权是否由业主出资公摊，应当在房屋销售合同中明示。"

案例：2015年3月27日，因重庆市某房产开发公司拟将帝景豪苑小区部分车位出租，而小区业委会认为所诉争车位系全体业主所有，遂引发诉争车位纠纷。重庆市高级人民法院对该案终审后，认定小区地面没有产权的停车位属公共用地使用权的范围。

法院经一审和二审审理认为，帝景豪苑小区地面停车位是由开发商依照行政规划建设的物业附属设施，其本质属于土地使用权的范围，地面停车位属于业主行使土地使用权的形式之一。小区规划与权属无关，权属的确定应当依据物权法的规则来进行。因此，诉争地面停车位属于业主共有的土地使用权（Land use right）的范畴，其权益归属于全体业主。

（二）归属开发商（建设单位）论

地面车位权属归属于开发商（建设单位），持这一观点的主要依据《物权法》条文、规划行政审批（前提）、《商品房销售合同》的约定等。现实中，将自主开发的小区地面停车位归为开发商自有：或出售或出租，也并不是个例现象。这种以合同契约（The contract agreement）为基础下的产权划分，也并没有使合同主体的利益得到伤害，在一些小区里施行起来也相安无事。

通常情形下，约定业主短期租用，或"购买"（长期租用）的地面停车位因开发商确实不能办到两证，因此开发商会与业主签订《车位使用权转让协议书》。例如：四川 H 开发公司将某小区地上第 X 号车位的使用权转让给乙方（业主）的约定："乙方（业主）已知晓该车位无法办理《房屋产权证》和《土地使用证》的情况下，且同意永久性放弃要求甲方办理《房屋产权证》和《土地使用证》，并自愿签订本转让协议书，受让该车位的使用权。"

地面车位属于开发商观点不仅被建设单位全力拥护，并且当其满足了遵从规划设定，以及合同约定有明确指向这两点为前提，多数情况下在住建或规划部门也予以认可。不少的案例显示住建规划部门的监管人员对通过了规划审批的小区地面车位，认定为并不属于业主的公摊面积范畴，开发商出售或出租给业主的行为均为合理。

（三）房管部门（产权登记）的第三种声音

事实上，真正具有不动产确权的部门是房管部门，理论上登记部门应该能给出权威的解释意见，然而"地面车位归属难题"仍然非房管部门可以轻易破解。当遭遇小区地面车位产权纠纷投诉，房管部门主持调解时，常规做法是通知争议双方各自举证。当开发商明显不能提供规划许可、合同约定等前置有利条件时，一般能顺利地引导和裁定归属于业主；但当开发商确能提供规划许可、合同约定等前置充分材料时，基于《物权法》似乎难以否定开发商的权属，于是房管部门通常发出第三种声音：由于地面停车位无顶无盖，无具体构筑物围护结构等，不具备申办产权资格，所以它与地下车位不同，无法办理《房屋所有权证》及《土地使用证》。

不能有效办理产权登记是房产部门给出的无争议的意见，也就是说甭管开发商找出啥条款依据，也不会给你办理地面停车位的所有权证，这只是从产权登记的管理办法角度解释，但并没有从法理上明确地面车位的归属。不能登记给开发商是不是就一定不属于开发商？或者又能否退而求其次可作为使用权（Right to use）出租呢？这些问题又将矛盾推给了法律。

三、《物权法》有关小区地面停车位的产权规定

《物权法》（The property law）第 74 条规定："建筑区划内，规划用于停放汽车的车位、车库应当首先满足业主的需要。建筑区划内，规划用于停放汽车的车位、车库的归属，由当事人通过出售、附赠或者出租等方式约定。占用业主共有的道路或者其他场地用于停放汽车的车位，属于业主共有。"

《物权法》的颁布实施，可以说是为开发企业争取合理利益带来了利好。"建筑区划内，规划用于停放汽车的车位、车库的归属，由当事人通过出售、附赠或者出租等方式约定。"明确赋予了开发商将经规划审定认可的建筑区划内停车位，作为"自有资产"处置的权力，否则若不属于开发商，又哪有通过出售、附赠或者出租等方式约定的可能性？

小区业主与开发商因出售、出租地面停车位而产生的纠纷事件，均源于法律不明使得地面车位权属难以界定。要么是作为弱势方的业主方处于下风，要么同样是弱势方的物业管理方面临收费困难，难于管理的局面。有一个真实的案例：四川某国有独资房开企业 J 公司，在 C 小区内规划了 49 个地面停车位，并约定地面停车位不随附分割予各业主。为避免有国有资产流失之嫌，J 公司依据《物权法》自然要主张对地面车位的权属，此举引起了部分业主的强烈抵制，后经法院两审裁定小区地面车位属于 J 公司。这一裁决与部分业主的心理预期完全相悖，于是仍然拒不承认生效的法律文书，在少数业主煽动下，相反演变成停霸王车，让受委托管理的物业公司也焦头烂额。

四、地面停车位确权建议

《物权法》实施 10 年，却依然未能完全解决关于小区内地面停车位的权属争议。有观点提出：将是否计入容积率面积作为判定车位专有\共有属性的标准，但这不仅排除了地面停车位的专有性质，同时将地面架空层车位（高层底层架空）权属也归于了业主共有，与《物权法》精神悖离更远。通过对我国房地产市场的实际做法和存在的问题进行调查研究，结合《物权法》这一基本法律，提出地面停车位确权（authentic right）建议：

（一）经规划审核认可的，以确权为开发企业为宜

首先，依据《物权法》74 条第二款"建筑区划内，规划用于停放汽车的车位、车库的归属，由当事人通过出售、附赠或者出租等方式约定。"显然初始权属归于开发企业没有争议。

其次，属于业主共有的财产，应是那些不可分割、不宜也不可能归任何业主专有的财产，如：电梯、绿地、公共大堂等。同时《物权法》74 条第三款也明确了"占用业主共有的道路或者其他场地用于停放汽车的车位，属于业主共有。"即当在规划以外，新增加设定占用了业主共有的道路或绿地等场地的停车位才属于全体业主。

此外，若一律将地面车位判定归于业主，将导致开发商不再愿意配建地面停车位，都按地下车库进行配置设计。一是减少了业主地面停车可能的便捷性，二是减少了可以租用车位的方式选择。最终使用上受到影响的仍然是小区的业主。因此无论是从适用法律，还是从实践效果而言，上述帝景豪苑小区车位权属诉讼案件，重庆高院的终审判决都是值得商榷的。

（二）已确权地面车位的处置原则

小区地面车位因其特有的属性，即使开发商得到确权，也只能是"有限制性"（There

are restrictive）的权属。按照 2009 年 10 月 1 日施行的《最高人民法院关于审理建筑物区分所有权纠纷案件具体应用法律若干问题的解释》认为若符合：具有构造上的独立性，能够明确区分；具有利用上的独立性，可以排他使用标准的车位，应当认定为《物权法》所称的专有部分，即非业主共有。但因其无封闭（顶盖）的围护结构，也不符合现行《产权面积测量规范》的计量范畴，始终无法等到房管部门的初始登记。针对"有限制性"所有权地面车位的处置宜遵循以下原则：

首先，地面车位的有偿使用只能采取租用方式，开发商不得出售给特定的业主，采用出售方式的为无效行为；

其次，地面车位首先满足小区业主需要。即未满足小区业主需要前，与小区外业主的租用协议无效，在暂时满足业主条件下的对小区外业主的租用期限不得超过 6 个月；

此外，租用、临停的费用标准均应当适中，符合正常的市场价值规律，不得自定歧高的租金标准限制业主的正常使用。

居住小区是城市人口生活的基本单元，为了方便城市居民的美好生活，城市小区建设和管理机构一方面要做好小区建设规划，满足配套设施建设，提高物业环境品质，落实良好物业服务，另一方面应该正视社会发展进程中出现的新生问题，规范、完善、修正法律法规，设定好权属保障法规，减少纠纷与矛盾，共同为和谐居家生活提供保障。

第三节　城市小区停车位的权利归属

随着我国现代化进程的加快，汽车成为居民出行的常见工具，城镇中的商业楼盘出现了用于停车的专属区域。与此同时，由于土地资源的稀缺、规划上的不合理，以及建设中的滞后性，致使城市商品住宅内的停车位（库）严重匮乏，"停车难"的现象愈加普遍。我国的现行立法虽然对"建筑区划内停车位（库）的权属关系"有所规定，但结合现实的复杂情况来看，仍然存在诸多不完善的地方，使得生活中的相关纠纷频繁发生。因此，文章认为深入探究城市住宅小区中停车位（库）的权利归属问题，对于推动我国的法律体系建设，合理解决房屋开发商、物业管理公司、小区业主间的纠纷，构建和谐、融洽的邻里关系，维护小区乃至社会的稳定，具有重要的理论和现实意义。

近几年来，我国的城镇化进程加速，经济实力愈发雄厚，特别是"房地产业"和"汽车工业"的迅猛发展，使城市居民大范围迁入商品房的同时，家庭的汽车持有量也急剧攀升，生活品质得到有效提升。然而，因城市住宅小区车位（库）的权属问题而产生的矛盾和纠纷不胜枚举。从数量上来说，商业楼盘的车位（库）建设数目远远落后于汽车保有量，因此，"业主随意停车""物业混乱管理""开发商违约侵权"的现象较为普遍，摩擦时有发生。值得注意的是，开发商径行建造停车位（库），将其租赁、售卖给有需求的业主，该行为是否合法，"所有权""使用权"又究竟归属何方，引发了学术界的热议。尽管《物权法》

的颁布及相应司法解释的出台，对小区的停车位（库）权属作了规定，但现实生活中的情况更为复杂，"车位""车库"有着明显的区别，仅靠目前的立法难以解决不断涌现出的新问题。因此，对建筑区划内停车位（库）的权利归属进行研究，对完善我国的立法，合理化解"停车难"的困境具有重要意义。

一、我国法律对建筑区划内停车位（库）权利归属的相关规定

在我国早期的民事立法中，"建筑物区分所有权"的概念还尚未形成，"城市住宅小区中停车位（库）的权利归属"更存在着很长时间的空白。随着社会经济的飞速发展、城市化的不断推进，商业小区内的"建筑物结构"发生了巨大变化，广大业主开始重视自己的合法权益，保护意识逐渐增强。日常生活中，由车位（库）所引发的民事纠纷大量出现，促使人们关注我国法律的不完善之处。地方各级人民政府适时制定相应的政策法规，试图以"行政法"的形式约束各方民事主体的行为。在不同的地域，《物业管理条例》呈现出各自的特色和明显的差异。

直到 2007 年《物权法》颁布，才正式从立法层面将"建筑物区分所有权"作为一种"所有权形态"固定下来，并对城市住宅小区中"停车位（库）"的权利归属作了明示。这对于完善我国的民法体系、加强对不动产的保护、维护业主的正当权益，具有里程碑的意义。该法第 74 条规定："建筑区划内，规划用于停放汽车的车位、车库应当首先满足业主的需要。建筑区划内，规划用于停放汽车的车位、车库的归属，由当事人通过出售、附赠或者出租等方式约定。占用业主共有的道路或者其他场地用于停放汽车的车位，属于业主共有。

仔细研读该法条，不难发现，我国的立法机关虽然没有对车位（库）的权利归属做出明确规定，但通过意思表达来看，已经意识到车位、车库的区别，并在第 2 款指出了建筑区划内停车位（库）的"约定处分"模式，在第 3 款确定了"法定共有"原则：即"规划"的车位（库）所有权属于开发商，可以出售、租赁、赠送给业主，而公共用地则属于业主共有，任何人不得非法占有、使用、收益、处分。这是因为，建筑工程项目启动之初没有所谓的业主，更不存在共有部分，开发商是唯一的建筑用地使用权人，其修建车位（库）付出了人力、物力、财力；而公共道路的建设成本已经被各业主均摊，它是专有部分之外，沟通生活的桥梁。

尽管我国《物权法》对"城市住宅小区内停车位（库）的权属关系"予以了原则性的规定，但面对纷繁复杂的社会生活，仍因"概念比较模糊""缺乏可操作性"，而导致"管理混乱、纷争不断"。鉴于现实考量，2009 年，《最高人民法院关于审理建筑物区分所有权纠纷案件具体应用法律若干问题的解释》（以下简称《建筑物区分所有权解释》）审议通过，对一些容易产生分歧的地方作了细化和补充。其中，第 5 条表明："建设单位按照配置比例将车位、车库，以出售、附赠或者出租等方式处分给业主的，应当认定其行为符合《物权法》第 74 条第 1 款有关'应当首先满足业主的需要'的规定。前款所称'配置比例'

是指规划确定的建筑区划内规划用于停放汽车的车位、车库与房屋套数的比例。"第6条指出："建筑区划内在规划用于停放汽车的车位之外，占用业主共有道路或者其他场地增设的车位，应当认定为《物权法》第74条第3款所称的'车位'。"

站在宏观角度，我们可以很肯定地说，《建筑物区分所有权解释》具有毋庸置疑的积极意义，具体表现在以下三个方面：第一，立法者将"出售、附赠、出租停车位（库）的主体"从"当事人"变为"建设单位"，并在表述上更为细腻，等同于承认了建筑区划内"规划"停车位（库）的所有权属于开发商，其能够作为独立的"交易标的物"进入市场，这有利于调动建设方的积极性，实现贸易领域的繁荣与稳定。第二，针对"规划停车位（库）应当首先满足业主的需要"，将判断标准锁定在"配置比例"上，对开发商的行为做出了一定的限制，有利于保护业主的权益、完善小区的配套设施，体现了科学、全面、综合的立法思路。第三，明确指出除"规划"停车位（库）之外，占有小区公共道路或其他场地的车位（库），属于业主共有。如此一来，就肯定了"开发商不能随意配置小区内的公共土地，擅自修建停车位（库）谋取金钱利益"。当然，我们也必须看到，该司法解释虽然在一定程度上弥补了《物权法》的缺陷和不足，但仍忽略了许多深层次的问题，譬如：如果开发商不按"配置比例"修建停车位（库），或侵犯业主的合法权益，占用小区的公共道路，接下来该如何处理？

二、现实生活中停车位（库）买卖、租赁存在的争议及理论界的讨论

（一）将"车位""车库"混为一谈，在停车位（库）的权属问题上产生纷争

根据我国法律的规定，"规划"停车位（库）的所有权属于开发商，占用业主共有道路或者其他场地增设的车位则为法定共有部分。但实际上，"车位"和"车库"有着本质的区别，我国民事立法却没有对二者进行明确的界定。目前，"车位"主要指通过"地面画线方式"规定的停车区域，有"室内"和"室外"之分，优点是能够节省空间和建设费用，缺点是车体暴露在外，不易得到保护；"车库"则是指拥有"封闭性空间"的泊车场地，车辆可以通过开启、关闭大门自由出入，优点是安全性能得到保证，缺点是购买或租赁的费用偏高。实践中，对不同类型停车位（库）究竟属于"专有部分"还是"共有部分"，争议较大。

1. "车位"的权属问题探究

有的学者认为，如果城市住宅小区中的停车位是露天的，仅在地面上以"画线"作为标志和间隔，没有任何附加设施，那么不论其是否在规划之内，所有权均应属小区业主共有。这是因为，"露天停车位"所占用的地面，是经政府部门批准使用的建设用地，其土地使用权归全体业主所有，故应作为"共有部分"。

而关于城市住宅小区中的"地下停车位"，有的学者认为，虽然《建筑物区分所有权

解释》第 2 条列举了车位作为"特定空间"成为"专有部分"需满足的三个条件，尤其强调"构造上的独立性"和"使用上的排他性"。纵然"地下停车位"不符合全部要求，但从保护开发商权益的角度出发，应认定其为"专有部分"。

2."车库"的权属问题探究

我国《物权法》第 74 条第 3 款，将客体圈定在"车位"，而未提及"车库"，说明立法机关也认为两者的内涵有根本区别。大多数学者们认为，现实生活中，无论是"地下车库""半地下车库"，还是"独立车库"，均具有构造和使用上的独立性，应为"专有部分"。小区业主往往通过"约定处分"的方式，取得以下两种权利：一是"使用权"。"车库"在建设之初，其所有权属于开发商。在办理销售许可证之后，开发商将"车库"销售、租赁，或直接赠予不同的业主，使其取得相应的"使用权"。当然，开发商也可委托物业公司与业主签订合同，权利人继而享有对"车库"在规定年限内或永久的"使用权"。二是"所有权"。业主若想取得该权利，必须通过"购买"的方式，同时需与开发商达成统一的意见。从理论上说，作为建筑物区分所有权中的"专有标的物"，"车库所有权"的转让应通过"产权登记"来完成。但由于我国目前缺失相配套的"车库产权登记制度"，使交易过程中的各种纠纷丛生，关于完善立法的呼声也日渐高涨。实践中，不少地区已经开始探索"车库产权登记制度"，来保护业主依法取得的车库独立产权。

（二）开发商处于强势地位，小区业主关于停车位（库）的合法权益难以维护

在大力推进"新型城镇化"建设的今天，城市住宅小区内"规划"停车位（库）的数量远落后于实际需求，日益严峻的"停车难"问题和巨大的经济利益，促使手中掌握停车位（库）建造权、处置权的开发商，处于比较"强势"的地位，不合理地开发小区内的停车位（库），在"租赁、出售、管理"等方面采取不恰当的措施，对业主的合法权益造成了侵害，具体表现在以下三个方面：

第一，我国法律指明"规划外"的小区停车位（库）所有权归小区业主共有。实际上，其涵盖范围不仅包括"占有小区共有道路或其他场地修建的车位（库）"，还包括在"建筑物架空层""顶楼平台"，以及根据《关于房屋建筑面积计算与房屋权属登记有关问题的通知》第 3 条第 1 款规定的"层高在 2.2 米以下、不计入房屋建筑面积的地下室"修建的停车位（库）而某些逐利的开发商，经常钻法律的空子，在业主不知自己合法权益的情况下，在上述地方，甚至是未计算容积率的地下人防工程，大规模建设停车位（库），再以高价卖（租）给业主。

第二，业主虽然与开发商或物业管理公司签订了合同，通过支付金钱的方式取得了停车位（库）的"所有权"或"使用权"，但物业单位仍按时催缴所谓的管理费，无形之中增加了业主的生存压力。有的开发商对小区内的停车位（库）"只售不租"，使得经济条件偏弱的业主望而却步，只能将车停在小区外的道路上，不利于营造"整洁、优美的城市环

境"；相反，有的开发商则对停车位（库）"只租不售"，使得业主哪怕支付了高额的费用，最终仍不能取得其所有权。

第三，现实生活中，关于建筑区划内停车位（库）的矛盾和纠纷，还体现在开发商或物业管理公司在未经业主许可的情况下，肆意在小区的公共通行道路（或场地）上画线作为停车位，并安装汽车地锁，收取出入费、停车费、管理费，或是直接将停车位（库）出售、租赁给业主，严重侵害了业主的法定权益。

三、明确我国停车位（库）权利归属、解决实际纠纷的若干建议

（1）建筑区划内停车位（库）的权利归属，应根据具体情况作不同的判断。由于城市住宅小区内停车位（库）的开发成本较高，对于颇具争议的地方，譬如地下人防工程，如果法律明确规定，在这些地点修建的停车位（库）所有权属于全体业主共有，那么势必将损害开发商的经济利益，影响其建设的积极性，长久下来，将不利于"市场经济的稳定"以及"和谐社会的建立"。因此，立足于"解决实际问题"的出发点，从长远的角度考虑，我国法律应根据不同的情况确定"小区内停车位（库）的权利归属"，综合考量"土地的所有权""停车位（库）的类型"，同时借鉴不同地域、国家的良好措施，有效地解决相应矛盾。

开发商若想取得对小区内停车位（库）的租赁权、收益权、处分权，应当依法办理预售许可证明或物权登记。如果停车位（库）的面积纳入了建筑容积率，开发商便可获得独立的产权凭证。相反则不能，停车位（库）的使用权就作为建筑区划内的附属设施归属于全体业主。当然，我国立法应进一步细化业主大会或业主委员会根据规约对小区内停车位（库）进行处分的相关程序。

城市住宅小区在规划之初需考虑停车位（库）的建设，完善配套设施。在"生活质量"和"幸福指数"飞速飙升的今天，作为城市住宅小区中十分重要的公共配套设施，建筑区划内的停车位（库）建设，影响着居民的日常生活，涉及群众的合法利益，是关系民生的重要问题。因此，在完善立法，确定小区停车位（库）权利归属的同时，必须将目光投向问题的源头，不能忽视商业楼盘在规划之初的"滞后性"，更不能完全依赖市场调节走出"停车难，纠纷多"的困境。开发商需要承担起"合理规划、监督施工、维修保养"的责任和义务，根据预估算情况，按比例修建停车位（库），以"平等、真诚、尊重"的态度对待业主，力求实现"开发商利益最大化和居民生活便利化"的双赢局面。

第四节　城市居住区停车位价格问题

城市居住区停车位的价格事关小区居民生活的幸福和社会的稳定，并对相关上游汽车

产业和与之关联的房地产业产生重要影响。文章从停车位的属性特点、市场供求因素以及相关政策和社会因素，分析停车位价格问题产生的原因，并结合实际对停车位价格问题解决途径进行了探究。

停车位作为静态交通的重要组成部分，对于城市居民的基本日常出行、城市交通系统的完善以及可持续发展，有着举足轻重的作用，因此合理的停车位的价格显得至关重要。虽然停车位属于房地产的附属部分，但近些年来国内研究的焦点主要为房价问题。相对于房地产发展历程长，主要学者对其价格研究深入透彻，停车位发展历程短，对其价格问题鲜有研究。但随着经济飞速发展我国汽车保有量的快速增加，城市居民对停车位的需求逐渐增加，停车位的价格也一路飞涨，与价格相关的问题逐渐暴露出来，引起社会的注意。本节立足于全社会的战略高度，对停车位价格问题的产生原因和解决途径进行了分析。

一、我国城市居住区停车位价格问题的现状

搜狐房产的调查显示，从 2011 年开始全国各地的停车位价格迅速攀升，全国范围内年均价涨幅超过 50%。根据《经济参考报》数据，在 2011 年北京市住宅小区地下单个停车位价格已经突破 50 万元，一个停车位的价格足以抵得上一辆豪华汽车。而 2014 年北京东部一些项目的停车位价格则已经达到 60 万元每个，这一纪录仍然在不断被打破。在北京五环以外的相对偏远的地区，其住宅小区内地下停车位的价格达到 15 ~ 20 万元 / 个。四环到三环之间的地区住宅区地下停车位也达到 15 ~ 30 万元 / 个，个别区域的小区停车位售价达到了 100 万元 / 个。在重庆、杭州、哈尔滨这些相对落后的二三线城市，停车位价格也都达到 30 万元 / 个。车库单方的价格已经远远超过了相应地区的房屋价格，哈尔滨市车位价格约为 30 万元 / 个，根据《建筑规范》每个车位规格为 2.5*5 米计算，车位的价格为 2.4 万元 / 平方米，而同一小区房屋的价格约为 1 万元 / 平方米，车位价格为房屋价格的 2.4 倍。与单方造价相似，居住区车位的价格涨幅也超过同期同一地区的商品房价格涨幅，据有关统计，2013 年 1 月至 7 月，重庆市小区停车位均价上涨 7.52%，而同期重庆市商品房均价上涨 5.21%。城市居住区地下停车位价格的非理性上涨的问题愈发严重，已经影响了居民的正常生活和交通系统的健康可持续发展，严峻形势不容乐观。

二、城市居住区停车位价格问题的原因分析

（一）供需不平衡

城市居住区停车位的供需不平衡跟其自身的属性有密切关系。作为房地产的附属部分，停车位与房地产有着许多相同的属性。停车位位置的固定性，停车位作为不动产，有着不可移动性，它不能够像其他商品一样能够通过交通运输方式将某一地区富余的产品补充至供应不足的另一区域的市场，以达到某种程度的市场均衡。这是停车位作为商品与其他一般商品最大的不同之处。宏观上，由于我国的国情是人口数量众多，土地是非常稀缺

的资源，城市的发展空间的拓展一定是伴随着农业生态空间和自然生态空间的减少而发生的。近几年来政府对生态资源的重视和对耕地资源的保护，不断深化土地审批制度改革，抑制土地的粗放型利用，限制城市的无限制扩张，因而能够用来开发建设城市的土地资源更是严重不足。在相关停车位建设技术不变的情况下，可利用开发的土地资源的减少就意味着停车位建设数量的减少。而随着我国经济的飞速发展，私人汽车的保有量却在飞速增长。国家统计局在 2010 年公布的数据显示，至 2009 年末我国私家汽车保有量为 2605 万辆，相比上一年末增加 33.8%。自从 2003 年我国第一次统计私家汽车保有量以来，我国的私家汽车数量年增速都在 27% 以上，而沿海发达地区的私家汽车数量年增速甚至达到了 30% 以上。相对汽车保有量的快速增长，城市停车位的年建设数量和总体数量明显不足。停车位配比不足的部分原因是由规划落后引起的，部分老旧城区规划时未考虑到汽车数量的快速增加和静态交通的重要性，导致居住区停车位的规划标准偏低，建成停车位数量难以满足未来数年的需求量。另一方面是由于数年前汽车数量较少时，对停车位的需求量小，停车位价格较低，大量车位滞销，开发商无利可图便不愿在楼盘中规划足够的停车位。所以尽管建设部《城市居住区规划设计规范》和《停车场规划设计规范》对停车位的配比和规划做了相关规定，但是许多开发商在建设居民小区时往往"有章不循，有法不依"，总是想方设法不建或少建停车位，如果迫不得已建设停车位时也是尽量去降低规划建设标准，不断压缩停车位建设面积，最终导致居住区停车位配比严重不足。以厦门市为例，在 2013 年 5 月 25 日，厦门市的小汽车保有量为 54.92 万辆，需要的停车位数为 68.31 ~ 71.35 万个，全市的停车位缺口却达到了 20 万个左右。所以停车位的供给与需求之间有着不可调和的矛盾。根据西方经济学的供求理论，土地资源的短缺引起土地价格上涨，土地价格的上涨导致依附于土地上的房地产价格的上涨，停车位的价格也随之上涨。微观上，正是由于停车位这一位置的固定性，导致某一区域内停车位需求增大时，其他对停车位需求较小的区域内的富余车位无法移动到本区域以弥补需求的不足来达到供需均衡。因而，在需求量大于供给量的区域，停车位价格因为供给量小于需求量而迅速非理性上涨。正如北京市五环以外的小区车位价格约为 15 ~ 20 万元 / 个，而市中心的车位价格则已经突破 100 万元 / 个。

（二）相关法律法规不完善

而与房地产的不同之处在于作为国民经济的重要支柱，我国房地产发展历程比较长，发展蓬勃，市场趋于成熟，相关法律法规制度都比较健全，有关房地产的权属比较确定。而由于停车位产业发展历程比较短，相关制度法规不够健全，关于其权属问题，相关部门至今仍没有确切的规定。目前国内学理界关于地下停车位权属问题众说纷纭，主要分为五种理论学说，即业主所有说、开发商所有说、国家所有说、公摊面积决定说、合同约定说。究其实用性和实质，可以分为三个方面：一，根据地下车位所占面积是否计入小区容积率来判断车位所有权归业主或者开发商所有。若地下车库的面积计入小区容积率，则开发商可以依法登记房地产权并取得独立产权证书保留车库的所有权。反之，如果小区的停车位并未计入容积率，而是伴随着房屋出售给了全体业主，由于建筑物的房屋分摊了土地的所有权，则这些车位的所有权也归全体业主所共有。二，根据客观理论和协议判断。小区地下车位的权属判别不能根据客观理论来判断，它不仅要根据车位面积是否计入容积率判断，还要参考业主和开发商之间的协议。三，从开发商和业主的利益协调角度分析停车位的产权权属，如果将停车位权属划归全体业主所有，开发商则忽略了开发商自身对利益追逐的本质，不利于开发商积极性的提高，因而不利于对城市土地集约化的利用。反之，如果将停车位权属划归开发商所有，由于地下停车位的建设费用已经分摊到整座建筑中，业主已经为停车位建设分摊了费用而无法享有应有的权利，则业主的利益受到了损害。而我国2007年的《物权法》第74条对停车位的归属法律问题规定为："在建筑物区划内，规划用于停放汽车的车位、车库应当首先满足业主的需要。建筑区划内，规划用于停放汽车的车位、车库的归属，由当事人通过出售、附赠或者出租等方式约定。占用业主共有的道路或者其他场地用于停放汽车的车位，属于业主共有。"此条法规虽然规定了小区内道路等业主共有区域停车位的归属，但对于地下停车位所有权属问题，解释仍然模糊不清。《土地法》和《物权法》对地下空间独立产权问题的回避，造成的混乱的产权问题令开发商和业主的权益处于不确定性状态，开发商和业主关于地下车位所有权属的争夺这一矛盾也日益激化。而且《物权法》中有关车位的所有权而规定的"约定优先"原则本身就有其不合理性，因为开发商在车库的预售、销售活动中占有绝对优势，很容易约定对自己有利的条款。所以当约定车库归属开发商的情况下，虽然声称车库造价不属于房屋造价，但实际上车库面积已经被均摊到房屋之中了，而处于弱势的业主则很难举证推翻开发商。按照规定，根据政府控制商品房价格的要求，物价部门只对普通住宅商品房实施备案管理，其他的营业房、停车位、停车库等均由开发企业自主定价。这也就意味着相对于房屋定价需要物价局审批，停车位的定价权完全属于开发商，法律对此毫无约束。相对于开发商的强势地位，业主处于劣势，开发商依靠自己在小区的地下车位的经营的垄断地位和物价部门关于停车位定价的漏洞，坐地起价或者捂盘惜售，小区居民合法权益受到严重损害。

（三）停车位的炒作

停车位的炒作也是其价格上涨的一个不可忽略的因素。由于停车位交易的相关政策落实不到位和相关监管部门的不力，许多小区停车位在未满足本小区居民需求的情况下高价出售给其他投资客，导致停车位价格迅速上涨。近年来股市低迷、回报率低、保值性差、房地产投资受到政策限制，黄金投资不稳定，人民币升值导致的境外资金的涌入，生产与融资成本上涨和定价期权的丧失导致的国内投资环境的恶化，国际金融危机导致的出口受挫、国内部分行业的产能过剩等因素使投资者找不到合适的投资途径，而停车位作为不动产具有投资小、保值性好，升值快、不限购、没有税等特点迅速吸引投资者将资金投入停车位的炒作。国内不少城市中抢购车位已经成为一种潮流，大量资金的涌入迅速抬高了停车位的价格。

三、解决城市居住区停车位价格问题的对策

（一）完善法律法规

对《物权法》中地下车位所有权属规定不清晰的问题，应当执行细则或者重新立法对小区内地下停车位的权属做出统一的规定：对建筑物区分所有权中专属部分的界定，对专有车位和增设车位的规定，对开发商向全体业主移交小区共有部分的控制权的时间以及违法后果，对共有部分范围的明确规定。清晰明确的法律法规可以避免因为地下车位权属不明引起开发商和业主间的纠纷。各地政府应根据《物权法》中相关规定，结合本地区多年经验对《物权法》做出规范和调整，以更好地解决停车位权属纠纷，保障业主和开发商的合法权益，提高开发商建设小区停车位的积极性。对于停车位实行限购政策，加大对非小区业主购买小区车位的监察力度，防止社会资金对停车位的炒作引起车位价格飞涨。

（二）增大停车位供给量

各地政府根据本地区实际经济发展情况和对未来小区停车位需求的预测，在规划方面要具有前瞻性，立法规定新建小区停车位的最低配比，以确保在未来一定时期内停车位的数量能满足小区居民停车的需求。对新建小区项目要从严审批，在涉及于停车位配比问题时，对于不完善的项目不予以审批。对于停车位供给不足的老旧小区，根据实际情况进行重新规划，因地制宜地利用小区空地增设地面停车位，借鉴国外经验，利用经济手段和政策支持鼓励开发商建设停车楼，发展机械立体停车技术等以缓解地下停车位的供给压力。

（三）减小停车位需求量

利用价格杠杆，减小居民对汽车的消费量，从而降低对停车位的需求量。鼓励业主根据自己的实际能力和需求购买汽车，不要存在攀比心理。提倡大力发展公共交通，尤其是容量大，速度快的轨道交通。不断改善公共交通服务质量，提高公共交通的运送能力，减少业主因为交通问题而购买汽车的数量。

（四）政府对地下停车位价格实行指导价管理

对于已建成小区，对于其价格，开发商希望定得高一些以求得高利润，而小区业主则希望定得低一些以节省资金。两者之间的心理定价差距导致双方协商未果，无法定价，最终造成小区地下停车资源浪费，地面车满为患。这就需要政府部门出台指导性价格以解决矛盾，减少资源浪费。

综上所述，停车位作为社会关注的焦点一直以来备受关注，其价格问题也备受争议，解决好停车位的价格问题，使小区业主买得起车位，开发商能从中获益，对于静态交通的可持续发展，增加人民的幸福指数和构建和谐社会都有重大意义。

第五节　城市住宅小区停车位权属问题

本节以城市住宅小区停车位为研究对象，以其停车位权属问题为研究目标。首先，对城市住宅小区停车位进行了简单概述，同时介绍了停车位的类型；其次，对当前我国城市住宅小区停车位权属方面存在的争议进行了分析，并对其进行了评价；最后，探究了我国现行法律对城市住宅小区停车位权属规定存在的不足，并提出了相关对策，希望能够为解决我国住宅小区停车位所有权归属方面的问题带来一定帮助作用。

经济的快速进步促进了我国人民生活水平和生活品质的提升，而城市化进程的加快带动了我国交通事业的快速发展。在这种背景下，我国越来越多的居民，尤其是城市居民开始选择添置机动车来确保出行的方便，这就大大提高了对机动车的需求，从而使得我国机动车增长量越来越高。但是，与城市住宅小区的停车位相比，机动车的增长量远远超出了其配建数量和速度，从而导致城市住宅小区停车位出现供不应求的状况，进而引发了停车位权属纠纷问题。要想解决这一问题，就必须深入剖析城市住宅小区停车位的权属问题，并在此基础之上不断完善相关法律法规，从而形成合理有效的停车位权属制度。因此，本节将以城市住宅小区停车位为研究对象，重点对其权属问题进行分析和研究。

一、城市住宅小区停车位概述

城市住宅小区停车位是经过规划整齐之后用来专门停车的位置，其隶属于住宅小区的配套设施。车库则是用于存放车辆，具有独立空间的附属建筑物，其也隶属于住宅小区。与停车位不同，车库实质上是一种建筑物，其一般具有较为封闭的空间，同时也具有建筑物的一般特点，因此其与一般的停车位不同。实际上，车库是停车位的合集，而作为车库的一种具体化表现形式，停车位属于车库的一部分。就目前来看，我国城市住宅小区停车位类型较为复杂，而且针对停车位的类型，各地法律法规的规定有所差别。现阶段，业主和开发商在停车位归属方面的问题和矛盾大部分是因停车位不同的分类方法而带来不同的权属问题引起的。因此，对城市住宅小区停车位现有类型的分析显得十分重要。从目前来看，我国城市住宅小区的停车位主要有四大类型，即独立车库、地面停车位、建筑屋顶平台和首层架空层停车位以及规划用于停放汽车的停车位。

首先，对于独立车库来说，小区的室内室外都比较常见，其具有明确的界限，在购房合同以及其他权利证明书中一般都对其权属给予了明确记载，即绝大部分都为各自业主所有。因此，这种类型的停车位在实务中发生的纠纷比较少。

其次，对于地面停车位来说，按照我国《物权法》中的规定，其具体指的是占用业主共有的场地用于停放车辆的车位，这就明确了地面停车位的权属，即其归业主所有。但是，对于建筑区划内用于停放车辆的车位或者车库来说，其并不属于我国《物权法》规定的地面停车位的范畴。

再次，对于建筑屋顶平台以及首层架空停车位来说，由于这两个场地并不计入建筑容积率，因此其权利主要依附于计算容积率的主建筑物上。换句话说，住宅小区在销售之前，该类型停车位归开发商所有，而一旦小区房屋全部售完，则上述停车位则归全体房屋买受人所共有。因此，对于该类型的停车位来说，其并没有相对应的土地使用权面积份额，因此其所有权依附于计算容积率的主建筑物上。

另外，对于小区规划用于停放汽车的停车位来说，按照我国《物权法》规定，其具体指的是建筑区划内具体规划的用于停放车辆的车位以及车库。针对该种类型的停车位，学界存在很多不同的观点，而且其权属方面的纠纷也比较多。

二、城市住宅小区停车位权属争议及其评价

（一）业主共有说

关于城市住宅小区停车位的权属问题，部分学者持业主共有说，具体理由主要有三点：首先，作为住宅小区的一种配套设施，小区停车位主要是完成支付房款并签订相关合同之后，业主所购买的特定住宅，属于其专有部分享有所有权，因此在开发商售完所有住宅，且业主购买完成之后，小区内的共有部分包括停车位的所有权应当移交给全体业主共有。其次，停车位的建造成本实际上已经在开发商建设过程中计入小区的总体建设成本之中，而业主在购买小区住宅的过程中已经对停车位的成本进行了分摊，因此其也应当享有停车位的所有权。另外，在住宅买卖过程中，开发商一般占据优势地位，其如果通过制定霸王条款来对停车位的权属进行约定的话，则业主就会处于弱势地位，从保护弱者的角度来说，停车位的所有权应当归属于业主。

关于业主共有说，虽然其维护了业主的权益，但是该种观点也有待商榷。因为，第一，开发商投资建设了停车位；第二，并不是所有的业主都需要停车位，如果简单的将其所有权归为业主共有，也会打击开发商投资建设停车位的积极性。根据《物权法》第74条规定，本节认为对于城市住宅小区的停车位来说，如果开发商将其转卖给业主之外的人，那么业主有权向法院申请开发商与其他人签订的停车位购买合同为无效。

（二）约定归属说

持约定归属说的学者认为，城市住宅小区停车位涉及私法领域问题，因此其具体权属问题也应当由当事人之间进行自由约定。首先，在实际所有权权属确定方面，一般都是通过约定的方式来进行确定和转让的。其次，对于小区停车位来说，有的业主需要两个或者两个以上的停车位，而有的业主则不需要停车位。对于这种情况，如果单纯地将停车位分配给每一位业主，则容易引发部分业主的不满。而通过约定停车位的归属这种方法，就能够解决这一问题，同时还能够有效提升小区的管理效率。另外，为了解决停车位供不应求

的问题，对于开发商还要进行鼓励，从而让其主动建设更多停车位。但是，如果不允许开发商进行停车位的租赁或买卖，则会影响其建设停车位的积极性。

关于约定归属说，本节认为其既符合我国《物权法》的规定，同时也遵循了私法自治精神，因此应当是目前城市住宅小区停车位权属问题的最佳解决方法。但是，由于开发商在住宅小区房屋买卖中处于优势地位，其掌握着房屋的定价权和话语权，因而使得业主处于弱势地位。因此，对于约定归属说，这种方法的立足点是让开发商与业主处于平等地位上进行协商，同时还要完善市场竞争机制，不断规范房地产行业。

（三）面积公摊说

关于城市住宅小区停车位权属问题，很多学者还持有面积公摊说，其认为只有根据开发商和业主双方的房屋买卖合同中关于停车位面积问题的具体阐述，才能够确定停车位的归属。如果合同中明确了小区停车位面积计入公摊面积，同时业主也支付了公摊面积费用，则业主享受小区停车位的所有权；如果合同中规定停车位面积不计入公摊面积，则开发商享有停车位的所有权。

关于面积公摊说，本节认为城市住宅小区停车位的权属问题并不能通过简单的面积公摊这种方法来确定，因为首先城市住宅小区的公摊面积是需要专业人员来进行精确计算的，这对于业主来说，不仅实际操作较为困难，而且专业性太强；其次，开发商掌握着停车位建设过程中的具体费用等信息，而相关管理部门和法院很难对其进行核实，因而也无法确认停车位是否要计入小区建设的总体费用之中。

三、我国现行法律对城市住宅小区停车位权属规定存在的不足和完善对策

（一）法律对城市住宅小区停车位权属规定存在的不足

1.没有明确区分城市住宅小区不同类型停车位的权属问题

对于城市住宅小区内的独立车库来说，其属于专有部分，权属已经在法律中明确规定，因此不存在争议。但是，对于小区地面停车位、规划用于停放汽车的停车位来说，其属于全体业主共有的部分，因此其权属并不能具体划分到具体的某一位业主上。我国《物权法》也没有明确规定和区别住宅小区停车位的专有与共有，仅仅是对占用业主共有场地进行建设的车位进行了笼统的规定，规定其属业主共有。因此，在实践过程中，对于住宅小区共有部分的停车位，尤其是地下停车位的权属问题仍然存在很多纠纷，而对于这一问题，目前我国在立法方面尚处于空白。

2.法律规定的可操作性不理想

我国《物权法》规定住宅小区的停车位必须以满足业主需要为首要条件。但是，针对业主无法承担过高的车位买卖或租赁价格这一问题，我国法律并没有明确规定业主优先权

保障方面的问题，从而造成业主的停车位优先权无法得到保障。同时，对于住宅小区停车位约定归属说，法律的相关规定也不全面，没有详细规定具体的法律后果。另外，虽然我国出台了相关法律对"首先满足业主需要"这一法律条例进行了具体细化和解释，但是并没有明确规定对车位具体按照怎样的配置比例来进行处置，由此可见其可操作性并不理想。

3. 城市住宅小区停车位权属登记制度不完善

虽然我国《物权法》在住宅小区停车位权属登记方面有明确规定，但是由于我国很多城市住宅小区是在《物权法》出台之前建设的，这些住宅小区的停车位存在不健全的登记制度，从而造成其停车位权属不明确的状况。

（二）完善城市住宅小区停车位权属的对策

1. 法定分类设定城市住宅小区停车位

将城市住宅小区停车位分为法定和增设两种停车位。首先，对于法定停车位来说，就是住宅小区开发商被法律规定强制进行建造的停车位，该停车位必须按照住宅户数的一定比例来进行具体建设。对于这类停车位来说，其建设成本计入小区建设的总体成本中，也就是计入小区公摊面积中，因此，对于法定停车位业主享有所有权，且不允许开发商对外进行转让或买卖。其次，对于增设停车位来说，就是开发商在法定停车位之外增设的停车位，该种停车位建设成本不计入小区总体建设成本中，因此其所有权属于开发商，开发商有权进行出售和租赁，但是必须坚持本小区业主首先购买权。另外，按照因地制宜的原则，针对北上广这种车辆较多的大型城市，其住宅小区法定停车位的比例应当适当调高，从而满足业主对停车位的大量需求。针对车辆相对较少的二三线城市，则可以适当调低住宅小区法定停车位的比例。

2. 不断完善《物权法》中关于城市小区停车位的权属规定

首先，明确《物权法》中关于"首先满足业主需要"的具体规定。一方面，法律应当明确规定开发商在进行住宅房屋的出售时，应当对业主履行告知义务，即告知业主如果在规定的期限内放弃购买本小区停车位，则开发商可以对该停车位进行自由处置，需要注意的是，开发商必须要规定一定的时限，而且在车位处置方面也要做到合理。另一方面，针对开发商没有按照法律规定比例进行停车位配置的问题，应当明确相应的处罚措施。同时，针对开发商在没有满足业主对于停车位需求之前而将其出售给小区之外的人的情况，法律应当明确规定业主对于自身权益的合法维护，例如业主有权申请宣告上述合同无效等。

3. 构建统一的城市住宅小区停车位权属登记制度

首先，由土地管理部门对城市住宅小区停车位权属进行统一登记，并按照《物权法》第10条中对于不动产实施统一登记的制度来对城市住宅小区停车位权属进行统一登记，而具体的登记范围、办法和实施机构则根据我国现有的法律法规来规定。其次，设立专门机关对城市住宅小区停车位权属进行统一管理，对停车位权属的查阅、相关文书的发放等进行统一管理。

综上所述，随着停车位需求量的增大，关于停车位的归属问题，业主与开发商之间容易发生纠纷，而且这种纠纷产生的原因也较多，例如，相关法律法规不健全以及土地资源有限与机动车数量不断增加之间的矛盾等等。虽然《物权法》在一定程度上明确了城市小区停车位的所有权问题，但是由于该法律的司法解释不够具体，而且也过于原则化，在实际运用中存在很多分歧，实务操作也较为困难。因此，为了减少停车位权属纠纷问题的出现，今后应当从各个角度加大对城市住宅小区停车位权属问题的分析和研究，从而为创建满意的城市生活环境，构建和谐社会奠定基础。

第六节　双层立体停车位的机构设计

随着国民经济的快速发展，人民生活水平的显著提高，私家车已经成为家家户户必不可少的出行交通工具，所以城市市中心城区汽车数量呈直线上升。车辆增加的速度甚至远远大于停车场建设的速度，"停车难"问题日益凸显。尤其是住宅小区内停车位的不足，造成了车辆在路边乱停乱放的现象，同时也间接地造成了城市交通的拥堵混乱，破坏了城市的居住环境和城市形象。为了解决"停车难"的现象，最有效的方法就是建设停车场。但城市内可以用来建设大型停车场的地方越来越少，而且取车时间比较长，智能化程度比较低，安全程度不够，设计形式比较陈旧，同时土地费用越来越昂贵。所以，根据以上现象我们设计了立体停车位，这个设计不仅可以改善"停车难"和"停车贵"的现象，同时也能大大地增加土地的使用率，做到真正的"物尽其用"。目前来说，建设立体停车场是一种最环保、最直接有效的解决"停车难"的办法之一。立体停车位的设计可以不仅仅解决小区"停车难"的问题，更可以大大的改善整个城市车辆乱停乱放的问题。而且立体停车位可以使停车过程更简单、更方便。

一、双层立体停车位的机构设计背景

（一）研究背景

随着城市的迅速发展，经济能力的不断提高，所以基本上市民生活水平也显著提高，为了出行方便，很多家庭都购买了汽车，也因此导致城市内的汽车数量增加迅速。在城市里，很多小区的建筑比较拥挤，房屋数量非常多，居住人口数量庞大，导致小区停车困难，很多家庭的汽车在小区无处可停。出现小区停车难的问题后，虽然现在很多小区都设有地下停车场，但很多车主还是更倾向于把自己的私家车停放在马路边的免费停车位，因为小区内的地下停车场价格较为昂贵，很多家庭不愿意承担这个费用。车主却没意识到在路边停车，会造成很多问题和坏的影响。私家车的乱停乱放不仅会影响整个城市的环境，影响城市的市容市貌，同时也能影响市民的心情。因此，路边停车所带来的问题必须解决。

（二）国内外的发展前景

世界上第一座机械式立体停车库1920年诞生于美国，至今已有近100年的历史。目前，这些国家和地区的机械式停车设备的生产市场已经饱和、行业已经发展到成熟阶段。但是我国大陆地区的机械式停车库技术发展比较晚，大部分还沿用着日本80年代的技术。很多立体停车库，都是运用大量的外汇从国外进口的，并且售后服务也得不到令人满意的保障。认清这一发展现状，政府大力推动立体车库的设计生产，近些年国内的设计制造机械式停车位的技术越来越成熟。

二、双层立体停车位的机构设计

（一）立体停车位的概述

双层立体停车位就是利用机械来存取、停放车辆的整个停车设施，以立体化存放的机械式停车库叫双层立体停车位。一般情况下，作为停车位，除了机械式停车设备外，还应包括有关的车道、出入口前的空地、管理办公室以及通风设备、排水设备、消防设备、出入口设备等辅助设备、它包含了当前机械、电子、液压、磁控技术领域的成熟先进技术，已经成为技术密集型产品的代表。

（二）立体停车位的结构设计

此款立式停车库主要由上底座、下底座、连杆、液压传动系统、动力系统等结构组成。我们主要采用钢结构，因为钢结构有强度高、塑性低、自重小、密封性好以及可靠性高等特点。

1. 立式停车位的上底座设计

上底座主要是用来存放车辆的，当没有车辆时，上底座一直处于整个立式停车位的最上端，当有车辆需要存放时，上底座会由液压装置带动，下降到地面，这时车就可以行驶到上底座，待车停平稳、司机下车后，利用遥控装置再讲上底座上升原位。这就实现了车辆的停放过程。当然，车辆需要驶出时，也是同样的原理。

2. 立式停车位的下底座设计

此款立式停车位的下底座不仅仅用来支撑上底座所盛放的车辆，同时也能够存放一辆车，也相当于一个停车位，这也就实现了"一位辆车"的目标，大大降低了土地使用面积。而且底座装有液压系统，主要用于控制上底座的升降。是整个立式停车位的主要支撑系统。

3. 立式停车位连杆结构设计

该结构主要用于上下底座之间的连接与传动，主要利用了液压缸原理来传递动力。

三、安全停车位的安全保护措施

（一）安全问题概述

双层立体停车位越来越广泛的被使用，所以安全问题也显得尤为重要。因为是双层立体停车位，所以一定要注意平时车位的保养以及检修，保证各个部件能够正常安全的使用。而且，对车辆的规格也要有严格的要求，不可以过重过载。只要我们的设备足够安全，而且具有较大的发展空间，就一定会被人们所认可、所使用。我们不只要做到这些，同时也要安装安全防护装置。

（二）减震装置

当上底板上升或者下降时，一定要有相应的防震装置，以避免整个立式停车位因为强烈震动而产生质量问题，从而对整个机械设备造成损害。

（三）防坠装置

作为双层的立式停车位，最重要的还是坚固，防止上下底板或是连杆强度不够而引发汽车坠落问题，所以要设计相应的防坠装置。

（四）自动报警装置

当车辆停放的位置产生偏差或者有其他意外突发状况而导致立式停车位不能正常工作时，会触发自动报警装置，以此来保证立式停车位的正常使用。

（五）立式停车位设计总结

国内的双层立体停车位虽经历了十多年的发展，但仍然处于初级阶段的停车水平，是最原始的使用阶段，它的设计水平和经济价值还有待完善和开发，为此双层立体停车设计方案具有重大的现实意义和潜在的市场经济效益。本次的设计在查阅大量资料的前提下，双层立体停车开展了进一步的结构设计，并且进行了仔细的研究，设计出此款立式停车位。

我们深知此次的设计存在很多的不足和问题，但是经过查阅大量的资料，我们已经改进的比较完善，也通过讨论多次对设计方案进行完善。希望我们的设计可以有创新的方法应用到实际。

第七节　停车场智能车位导向系统设计

本项目针对国内车辆数目与日俱增、即便有空余停车位但不容易找到、随意停车造成了交通拥堵的现状及问题，从缓解交通压力、构造有序的交通环境、改善城市面貌、方便人们出行、提升人们的出行体验等方面出发；提出了解决的方法与举措。通过使用外部设施与手机 app 相结合的形式，在借鉴发达国家经验的基础上，探讨出一个符合我国国情的智能停车服务体系。

随着我国经济的快速发展，人们的生活水平日益提高，私家车辆增多，交通压力增大，无法快速找到最佳的停车地点，给多数车主出行造成不便。这种现象在节假日中尤为严重，为缓解交通压力，优化人们出行，本项目推出了智能车位导向系统。

一、国内的市场调研

目前，我国在城市道路交通建设上处于滞后状态，汽车的总量尤其是私家车的数量正在急剧增加，交通的拥堵问题逐渐成为困扰中国大城市居民的普遍难题。交通拥堵首先出现在几个特大城市——北京、上海、广州、深圳等，并在短短几年间迅速蔓延至大型城市和中型城市，甚至在一些小城市及县城也出现了不同程度的交通拥堵问题，且愈演愈烈，给人民的生活和工作带来诸多不便。车辆数量在快速增加的同时，跟随着交通拥堵还有一个关键问题正在越来越严重，那就是停车难的问题。针对当今社会我国个人拥有车辆数目在不断增加的现象，迫使现存停车场的占领面积范围将需要持续地进行扩大，所以我国现代化的停车场在建造上要拥有高效、智能、便利的特点。

二、发展智能化停车场导向系统的必然性

现有的指引系统很多时候采用的是最传统原始的方式，在设计上还不够人性化。所以顺应人工智能的发展趋势，从智能化方面入手，发展智能化的停车导向系统，充分利用现有技术以及现有停车场的实际使用面积，提高停车场单位面积上的利用率，而且车主能够便捷快速地通过智能导向系统准确的寻找到空余场地和最佳停车位置。该智能车位导向系统的使用面极广，根据该停车场的导向系统功能属性特点，普遍适用的主要是大型停车场和中型停车场，按区域分，又可用于室内停车场和地下停车场，除了专业的停车场区域设置外，还能够应用在政府单位的办公楼停车场，以及大型高级宾馆自配的停车场，具有广泛单位入住的高级写字楼，还有车流量和人流量都非常大的火车站、机场及大型综合的购物中心所配备的公共停车场等场所。在停车场安装和部署车位导向系统后能够有效提高停车场的使用率，有效避免因管理工作不到位造成停车场车位的浪费，形成"车来了没处安放，但其实还有余位"的现象，不能够合理地利用资源。停车场引入智能化的停车导向系统后，能够减少停车场的管理费用以及整个的运营成本，通过智能车位导向系统，使得停车场的运营商能够更加有效的管理停车场，带来更加可观的经济收入，从而得到更高的收入效益。而且智能停车导向系统能够帮助车主更加快速便捷地找到最佳合适的停车场进行车辆的安放，用户可以实时掌握计费情况，所以智能车位导向系统是当今中型与大型停车场和公共场所停车场的必备系统之一。

三、智能化的实现

大量调研关于智能停车导向系统相关资料后，取其精华去其糟粕后进行了技术上的改进，同时根据我国城市化的明显结构特色，提出了关于现阶段能够符合我国国内城市特色的停车场车位导向管理系统的整体设计和解决方案。智能车位导向系统能够实时把停车场内信息和停车位的使用信息传递到车主手机上，能够更加行之有效的指引车主找到所在区域内的最近停车场和空余的车位，这种简单、便捷、智能化的导向系统能够节省出行中车主们的宝贵时间，将时间用在该用的地方。这样能够有效缓解现如今因为车辆的保有量急剧增加而引起的车位难找的状况，因此从交通体系上更有效地改善车位难找的状态，同时将停车场的使用率得到一个提升。

智能停车导向系统可以让司机快速地找到停车场以及空余车位，该系统还可以通过数据管理停车场中停放的车辆，而且能够对出入该停车场的车辆进行综合数据统计，从而能够进行停车场的管理工作，搭建有效的运营体系架构，减少了人力的使用率。智能停车导向系统能够使得停车更加便捷快速，并且还能够引导车主们正确地进行停车，养成良好的停车习惯减少因车辆停放不正当而带来的经济损失等。

此系统由外部的智能车辆传感设施与内部的手机 app 相结合，通过外部设施的传感器以及红外线对车辆的感应，手机内部的 app 会根据所接收到的数据提供给车辆局域停车位的信息，如果存在空闲车位，app 会给予用户语音导航，并推荐最佳车位；如果没有空闲车位，app 会帮助车主提供局域外最近车位，并计算距离，帮车主规划最佳路线及导航。且外部的感应设备可以记录车辆的详细信息，方便交管部门后期的信息统计；又可以美化城市环境，减少人力使用，外部设施采用节能系统，其电力大部分由太阳能电池板提供，环保智能，其外观简约时尚，融入了现代城市公共设施系统。在车辆进入停车场后，门禁两侧的图像识别设施还可以迅速扫描车牌号进行登记并语音提供停车问候语。一系列的人性化举措，可以为车主带来最佳的停车体验以及出行感受。该智能停车导向系统，充分利用了人工智能技术，减少对人力资源的浪费；适应可持续发展的方针，节约环保；提高人们的生活和工作效率，有广大的发展前景。

第八节　基于单片机的停车位管理系统设计

随着社会的不断发展，我国国民的生活水平也有了显著提高。因此，为了出行方便，大部分国民会选择开车出行。但是由于我国的国土面积有限，并且在城市的建设过程中停车位的数量相对较少，所以对停车位进行合理的管理，是当前改善城市交通问题的主要措施。如果使用人工对停车位进行管理，不仅会导致管理效率下降，还有可能出现人员安全问题，而通过自动化设备以及单片机技术，对停车位进行智能化和自动化的管理，既可以提高停车位管理的效率，又可以有效的改善现阶段我国的交通问题。基于此，本节通过分析停车位管理系统的具体设计方案，探究此系统如何实现停车位的科学管理。

近年来，汽车数量逐渐增加，停车困难已经成为现阶段很多城市中面临的主要问题，但是由于现阶段大部分停车场都使用人工指挥，或者自行停车的方法，不仅降低了停车场的管理效率，也增加了停车场管理人员的工作难度，所以设置先进的停车场自动化管理模式，是当前改善停车困难问题的主要措施。在停车位管理系统的设计过程中，单片机可以实现信息的集成功能，既可以向停车人员展示空余停车位的数量，又可以指挥停车人员停到指定的停车位，所以降低了停车管理的难度，并且也改善了交通混乱的状态。

一、停车位管理系统的设计方案

（一）设计目的

在明确停车位管理系统的具体设计方案前，首先要了解停车场管理的主要目标，停车场管理的主要目标有以下几点，首先是为了防止出现车辆交通秩序混乱的问题，必须要确保，能够将停车场中的所有空余车位信息传递给需要停车的人员或者停车场管理人员，这样可以提高停车管理的效率。其次是要确保将具体的停车位置告知给需要停车的人员，这样可以防止停车人员在寻找停车位时，出现车辆的碰撞或者交通堵塞问题。最后是在停车的过程中也会有车辆的出入，因此还要确保所设计的方案具备实时性和效率性，尽量能够更快地将每一个空余停车位展示给停车场管理人员，从而确保停车场的整体交通秩序能够得到有效的改善。

（二）设计方案

根据停车位管理设计目的所设计的管理系统主要包含两个部分，第1个部分为发送端，通过发送端可以对停车场中的每一个车位进行实时的监测，第2个部位为接收端，接收端可以通过刷卡模式显示剩余的车位情况以及实现智能门禁系统的应用。在发送端和接收端之间需要进行信息的传输，其主要使用蓝牙模块完成。设计的发送端主要通过系统开关将信息传递给蓝牙发送模块，然后由蓝牙发送模块将开关信息传给STC89C52单片机，然后由单片机将信息传递给不同的车位指示灯，进行车位出入的检测。而在接收端中主要是将系统开关中的相关信息通过蓝牙接收模块进行接收，并且在LCD液晶显示模块上进行信息的显示。同时在接收端中可以将读卡器中的信息进行处理，并且通过单片机，对数据信息进行汇总和展示。

由于某些停车场区域相对较大，所以为了确保能够对每一个车位完成实时的监测，需要对每一个车位进行统一的编号，并且将其标记在相对较为明显的地方，然后在车辆出入的过程中，还要给每一位车主配备一张停车卡，该卡中可以记录车辆在出入停车场中的所有数据，并且能够根据车辆的停车时间以及停车位置建立小型的数据库。为了确保车主的停车卡可以实现刷卡功能，需要在停车场的入口处放置读卡器，当车辆进入到停车场前，先使用读卡器对停车卡进行信息的录入，然后通过单片机支持下的停车场管理系统分配空车位，指定车主的具体停车位置，并且在液晶屏上进行显示，而当车主在停完车需要取车的过程中，也可以通过读卡器刷停车卡，查询停车的位置，从而可以根据显示的数据直接到指定的位置取车在出停车场的过程中，某些停车场由于是收费停车场，因此也可以根据停车卡上显示的停车时间进行合理的收费。

二、停车位管理系统的硬件设计

在停车位管理系统的硬件中，主要的模块为主控模块，通过主控模块可以对停车场的所有管理系统进行控制，所以主控模块是整个智能停车场系统的核心部件，因此必须要确保主控模块能够具备更高的稳定性及可靠性，并且在实际的使用过程中，其运算速度也应该满足数据传输的需求。为了满足主控模块的功能需求，本次设计方案中主要使用了STC89C52单片机作为CPU，这种单片机不仅具备体积小，功能多的特点而且成本相对较低，其应用在主控制器中能够提高主控制器的使用效果。第2个硬件系统为数据的采集发送装置，通过数据采集发送装置，可以完成对停车场出入数据的采集以及停车时间的采集，并且及时的发送给停车场的管理人员进行收费工作等。数据采集发送装置中主要使用了检测按键及指示灯组成，并且将所有的数据通过蓝牙的方式，发送给相应的显示装置。最后一个硬件系统为数据的接收装置，一般数据在完成接收以后都可以通过LCD屏幕进行显示，并且在LCD屏幕的使用过程中，可以通过相应的逻辑运算方式完成LCD显示屏的控制设计，同时还可以将车位的空余信息停车时间以及停车价格等及时地显示在LCD液晶显示屏幕上。与LCD显示屏配套使用的，还有RFID读卡器，利用这种读卡器，可以将停车卡中的相关信息及时地显示在显示屏上，并且实现数据交换的作用。

三、停车位管理系统的软件设计

（一）车辆入口程序设计

在停车场车辆入口程序设计时，首先需要对所有的串口设置进行初始化，确保车辆入口程序在设计时不会受到其他指令的影响，然后需要对系统进行循环的检测工作，保障车辆在进入停车场后，能够及时地检测到车辆的进入信息。当车辆进入到停车场前，启动检测按键，将检测案件中的程序输入到状态指示灯中，指示灯亮起，并且进入响应函数的计算过程中，然后通过蓝牙模块进行数据的发送以及车位的匹配工作。在匹配工作完成之前，需要显示屏幕上显示等待的状态，然后在经过车位配对成功以后，则可以在显示屏上显示需要停靠的车位信息以及剩余的车位总数和车辆进入停车场的时间。然后当车辆进入到停车场以后，入口的相关信息显示模块则可以关闭，避免出现能源浪费问题。其工作的主要程序是先进入开始状态，然后判断此车辆中的停车卡是否已经进行了充值，并且在入口数据统计时已经进行了检测，如果没有，则需要对停车卡进行充值。在进入停车场中，如果已经进行了充值，则确保车辆可以在指定的停车位上进行停放，同时还要判断，车主在刷停车卡时是否具备准确性和合法性，然后将读卡器所获得的停车卡信息进行获取，并且传递给蓝牙模块。确保在停车管理系统中能够及时地接收到蓝牙模块所发送的停车时间以及停车位置，并且在液晶显示屏上显示出来，同时控制相应的匝道进行开启，则完成整个入场流程。

（二）车辆出口程序设计

车辆出口程序设计的主要设计流程是当检测到车离开车位以后，即将所有的空车位及时地通过蓝牙模块发送到控制室中，车离开停车位以后，停车位上的指示灯应该关闭，并且通过刷卡信息可以明确车辆的离开位置，然后由集中的控制系统对所有的车位编号信息进行收集。这时需要接收模块配合车位信息在 LCD 显示屏上进行显示，并且确保 LCD 显示屏能够自动开启，将蓝牙收集到的信息，进行初始化设置，从而确保在车辆驶出停车场以后能够对数据进行初始化。车辆出口模块的主要程序设置为首先进入开始状态，然后由检测装置检测车辆是否离开了停车位，并且和指示灯进行配合，如果离开了停车位，则可以放另一辆车辆进入到指定的停车位中，同时还要判断车主的刷卡程序是否合规，并且将读卡器中获取的驶出信息，通过蓝牙模块传递到控制室中，这样可以帮助停车场的管理人员记录车辆的停止时间和停止车位，从而进行扣费处理。

通过对以上系统进行了预先的测试，可以明确基于单片机的停车位管理系统设计具备较快的响应速度和较好的服务质量，并且读卡器的响应时间大概在一秒左右，相应的距离大概在 30 厘米，符合日常的使用需求及读取的准确率在 99% 以上。

综上所述，通过单片机技术，RFID 技术和蓝牙传输技术的应用，可以实现停车场停车位管理系统的设计，并且还可以实现科学有效的管理车辆的进入。所以为了确保能够降低后期停车位的管理成本，并且提高停车位的管理效率，可以将基于单片机的停车位管理系统，广泛地应用于商场、住宅小区等停车场的管理过程中。

参考文献

[1] 丛岩 . 基于单片机的立体式停车场管理系统 [J]. 信息通信，2019（11）：152-154.

[2] 吕芳，孙媛媛 . 基于 51 单片机的停车位管理系统 [J]. 电子产品世界，2019，26（07）：50-53.

[3] 杨祥宇，张二四，陈邺，陈骁 . 智能停车位引导系统研究 [J]. 南方农机，2019，50（12）：151.

[4] 杜庆玺 . 单片机控制空中智能停车场的设计与应用探究 [J]. 数字技术与应用，2019，37（05）：9-11.

[5] 朱斌 . 地铁车站与城市立体交通结合设计的研究 [J]. 工程与建设，2014（01）：18-20.

[6] 胡卫民 . 浅谈城市轨道交通重点车站设计与城市地下空间的综合开发 [J]. 铁道勘测与设计，2012，（05）：39-41.

[7] 郭志平 . 城市轨道交通车站综合开发模式初探 [J]. 铁道勘测与设计，2013（4）：57-60.

[8] 李文斌，邵源，聂丹伟，等 . 交通强国背景下深圳市交通发展战略问题思考 [A]. 品质交通与协同共治——2019 年中国城市交通规划年会论文集 [C]，2019.

[9] 曹国华，周江评 . 后发城市交通发展的目标、思路和策略——发达国家、城市的经验与启示 [J]. 上海城市规划，2018(3)：94-99.

[10] 周桂山 . 城市轨道交通投融资问题思考与对策初探——以东莞市城市轨道交通建设投融资问题为例 [J]. 经营者，2019(7)：93-94.

[11] 南京市人民政府 . 南京市交通发展白皮书 [Z]. 南京：南京出版社，2016.

[12] 上海市交通委员会 . 上海城市交通拥堵治理体系 [Z]. 上海：上海出版社，2014.

[13] 深圳市交通运输委员会 . 深圳市交通拥堵综合治理策略措施及 2014 年行动方案 [Z]. 深圳：深圳出版社，2014.

[14] 杭州市交通运输局 .2019 杭州市交通发展年度报告 [Z]. 杭州：杭州出版社，2019.

[15] 林福文 . 采用单向交通疏解城市交通拥堵 [J]. 现代交通技术，2015，12(6)：64-68.

[16] 刘恩，刘英舜 . 中心城区交通拥堵分析与对策 [J]. 现代交通技术，2015，12(4)：72-75.

[17] 于琦 . 城市智能公共交通系统的应用及发展分析 [J]. 数字通信世界，2018(01)：188.

[18] 张晏铭 . 基于宽带移动互联网的智慧交通应用研究 [D]. 湖北工业大学，2017.

[19] 罗双玲，夏昊翔 . 基于能力成熟度视角对智慧城市评价的思考 [J]. 科研管理，2018，39(S1)：278-283.

[20] 薛美根，朱洪，邵丹 . 等 . 上海交通发展政策演变 [M]. 上海，同济大学出版社，2017.

[21] 长春市人民政府 . 长春市城市交通发展白皮书 [M].2020 年 .

[22] 上海市人民政府 . 上海市交通发展白皮书（2013 版)[M]. 上海，上海人民出版社，2013.